猴面包树

The

Denna D. Babul
Dr. Karin Luise

Fatherless

"失去"父亲的女儿们

Daughter

[美] 丹娜·D. 巴布尔　卡琳·露易丝　著　雷中华　余静　梅英硕　译

Project

上海文艺出版社

目录

第一章
失去父亲 /006

第二章
死亡、离婚、抛弃,以及父亲离开的其他方式 /054

第三章
何时失去父亲 /104

第四章
家庭关系 /138

第五章

婚恋关系 /190

第六章

应对机制：找到健康的方式来解决你的痛苦 /250

第七章

想念父亲 /304

第八章

思想、身体、心灵都要向前走 /334

后记 /380

致谢 /390

第一章

失去父亲

失去父亲彻底改变了我的人生。

——丹娜·D.巴布尔（Denna D. Babul）

在她执导的纪录片《"失去"父亲的女儿们》

（*The Fatherless Daughters Project*）

中如是说道。

你是否失去了父亲？如果是，那么你并不是唯一一个有此遭遇的人，也不是只有你一个人在思考父亲的离去如何影响了你的婚恋关系、行为举止以及人生的方方面面。作为一个失去了父亲的女儿，你并不孤独。你在所有人生重大关口的遭遇，我也都经历过，所以我们决定仔细审视一下对我俩(两位作者)而言失去父亲到底意味着什么。我们仔细剖析各自的过去，总结出哪些时候坎坷，哪些时候一帆风顺。我俩都选择了能帮助他人的职业。丹娜·D. 巴布尔曾当过十几年的重症监护护士，如今她仍在天天和医学设备打交道，为病人提供关怀。过去几年中，她为许多经历不幸和患上重症的家庭提供咨询。同时，丹娜还是全职人生导师和励志演说家，激励人们摆脱过去，投身到生命的激流当中。卡琳·露易丝(Dr. Karin Luise)曾当过中小学老师，后来她攻读了咨询教育博士学位，为成年人提供咨询。如今，她作为一名心理咨询师、励志演说家以及教育家，用自己的专业技能和人生阅历帮助他人。我们将各自的经历作为跳板，来挖掘失去父亲到底意味着什么。因为共同的个人际遇，我俩一起合作，汇集各自的专业知识，加深了我们对于失去父亲的共同理解，也激励着我们向其他失父女儿分享我们了解到的东西。

在拍摄《"失去"父亲的女儿们》这部纪录片时，我们通过正式和非正式的形式一起采访了一千多名失父女儿。过去的10年里，我们在许多出乎意料的地点与女性交谈，比如超市、殡仪馆、日托中心等随机的地点——就是因为女性需要诉说她们的经历，需要感到被认可。我们的问卷调查已经开展一年有余，得到了对世界各地超过5000名女性的调查结果，并且这个数字还在增加。受访者年龄最小15岁，最大近80岁，涉及不同的家庭背景、教育水平、职业轨迹和社会经济地位。她们中大部分来自美国，此外通过社交媒体，我们得到了对其他国家女性的调查结果。我们还惊喜地发现，失去父亲的女儿们会彼此推荐参加此次调查。她们在这个过程中持续了解自己，并且也想帮助其他女性了解自己。

在调查开始的前一年，我们研究了这一话题的相关书籍、网站和论坛，发现其中仍然存在空白。对于那些我们希望提出却从来无人问津的问题，我们想要找到答案。例如，我们询问了失去父亲的女儿们，她们认为失去父亲怎样影响了她们的婚恋关系、行为举止以及人生的方方面面。我们想强调，失去父亲有积极的一面，我们不能一味地关注消极的一面。我们设计了一份问卷，以了解她们对自身经历的看法，然后进一步挖掘这些问题的关键：她们从哪里来，经历了哪些事，以及今后想要过什么样的生活。从我俩的个人角度来看，我们对失父女儿生活中的特定方面有一种天然的研究兴趣，比如她们与母亲、与父亲那边的亲戚、与兄弟姐妹、与重要的他人以及同事、朋友的相处经历。我们想知道她们采取过什么样的应对机制，以及哪些应对机制有效地帮助了她们，让她们过上了更加生机勃勃的生活。在研究中，我们发现了失去父亲是如何一步步地影响女性生活的，而且我们的研究结果也让自己大为震惊。我们会通过本书将这些结果分享出来。如果你有意愿，不妨登录Fatherless Daughter Project.com参加这项问卷调查，这会让你更加深入地了解自己。

在生活的一些方面，失父女儿之间有许多相似之处，但与此同时，因父亲离去的方式不同，她们之间的重大差异也浮现了出来。从死亡到情感缺位，在本书中我们会讲到失去父亲的各个主要原因。

我们的研究表明，大部分从小就失去父亲的女性，无论父亲离去的方式如何，似乎都在一些相同的方面遇到挑战——通常是在婚恋关系方面。她们会在"不知如何去爱"和"不知如何被爱"之间不知所措。她们将异性视作一个谜，因为她们与父亲相处的时间可能不够，没能建立起必要的基础去展开亲密关系。由于同父亲的情感联系缺失，她们可能并不知道真正去爱一个男人和被一个男人爱是怎样的感觉。我们之中许多人在恋爱方面都没有明确的界限，不了解自己在感情中的舒适度，对于真爱的理解也尚未完全成熟。对于许多失父女儿来说，恋爱标准都是在成长过程中根据自己的见闻拼凑得来的，这些见闻有好也有坏。

女儿们会通过观察来学习，如果本该教她们的人没有给予清晰的指导，那么她们更会如此。比如，蒂娜说她心中完美的父亲形象是这样得来的："老实说，我小时候主要通过电视剧《欢乐满屋》[1]（*Full House*）来了解父女关系，并且看到了剧中的父亲和其他来帮忙的男性是如何爱并指导女孩们的。我家客厅里那部电视机中的男性以很多种方式充当了我的父亲。"

回想你的恋爱史,你的感情是否多次脱离正轨?你是否会陷入疑惑,为什么令人心碎的事情总是发生在自己身上?为何自己总在同一个地方摔倒?是否因自己在恋爱中苦苦挣扎而感到沮丧?尽管看起来你明白自己真正想要什么,但是否总有什么东西在从中作梗?你是否发现,自己在选择恋爱对象时有着特定的模式?通过对失父女儿的广泛研究,包括临床观察、调查、采访以及对其他研究的详尽综合,我们发现,某些行为模式在失去父亲女儿身上有治愈效果,如果她们了解并知晓的话。过去我们采访了无数的女性——她们总是对生活中反复出现的问题感到困扰,同时还要面对过早失去父亲所带来的痛苦余波。因为父亲的缺席,她们生活中的一些需求无法得到满足,她们在恋爱中挣扎的原因就可能与此有关。

如果你已婚,你会在丈夫犯错时惩罚他吗?你会希望他如父亲一般对待你吗?或者你是否发现自己会像母亲一般对待他?也许你希望他对你百依百顺,为你奉献，从而你能掌控局面？你是否渴望在婚姻中实现平等相待，但又苦于不知如何去做呢？

你是否已为人母？如果是，那么你是否发现自己的一些应对方法和小时候自己母亲曾用过的方法一模一样？也许你希望自己的女儿比她的朋友们更加坚忍，或希望儿子能够给予自己最多的异性关注。你的生活是否被笼罩在一种极大的恐惧之下，常常害怕你的孩子、丈夫或自己会遭遇不测？作为失父女儿，你可能已经学会如何非常好地照顾他人，但是你也会经常极度焦虑，生怕自己仍无法考虑周全，从而会发生一些不好的事情。

如果你还是单身，那么你是否会因为哪怕是一个微不足道的被拒绝的迹象就情绪失控、过度伤心呢？当感觉到自己有可能会与他人发生冲突的时候，你是否会选择敬而远之？如果答案是肯定的，那可能是因为在失去父亲带来的焦虑心理之下，你为了避免受到伤害才这样反应，主动走开可能好过被人抛弃。

与朋友相处时，失父女儿通常是照顾他人的一方(或者说扮演着母亲这一角色)，所有人都会带着问题来找她。根据过去自己在家中的经历，你可能习惯了去处理冲突、倾听别人诉说问题并给予支持。帮助他人让你获得了成就感和价值感。你有没有意识到这一点，因为你带着痛苦走到如今，所以你有一股韧劲，而这也是你最强大的特点之一。然而，你可能要反过来问一问自己：你是否付出了太多？在你有需要的时候，别人是否投桃报李，也给予你支持呢？

由于你的母亲也深受其丈夫离去的影响，你们之间也许很难相处。你对母亲是否仍然怀着同情但又愤怒的矛盾情感，甚至想要将父亲的离去怪罪于母亲？是否打心底里觉得自己需要照顾母亲？这些问题能够让大多数失父女儿产生共鸣。即使你有很多关于父亲的问题想要问母亲，但你肯定最不愿意去激起过去的情感，所以对于这些问题，你选择了闭口不谈。失父女儿通常靠自己找到处世之道，所以在头脑中，她们都在悄悄地写一本生存指南。她们根据自己的所见所闻和经历在生存指南里面写下了自己的人生准则，并悄悄在其中翻找应对特定情况和管理自身情感的方法。可惜的是，这些方法中很多都是有问题的，会让她们在不健康的处世方式里一直打转，并使她们感到困惑、沮丧。

我们在研究中发现，42%的失父女儿的母亲也失去了父亲，她们之中超过三分之一的人还要独自抚养女儿。之所以我们中的许多人重蹈母亲的覆辙、无法逃离失去父亲的影响，正是因为我们从母亲那里承袭了应对机制、婚恋选择以及错误的自我认知，而之后这些行为与观念会被传递给我们的女儿。所以，为了我们自己，也为了后代，我们必须继续自我愈合，打破这种恶性的代际传递模式。

疑问重重

1994年5月，霍普·埃德尔曼[2](Hope Edelman)出版了《母爱的失落》(Motherless Daughters: The Legacy of Loss)一书。该书大获成功，在《纽约时报》(New York Times)畅销书榜单上上榜24周。佩奇是我们采访过的一名失父女性，她说在失去父亲之后，她便将这本书一直带在身边。我们问过她，为什么明明是失去了父亲，却要看一本关于失去母亲的书？她说："那时候没有关于因父亲主动离开而导致孩子失去父亲的书。失去父亲让我感到羞耻，好像失去母爱是更被读者接受的悲伤题材。"

佩奇所说的"主动离开",指的是父亲因为成瘾问题而抛弃家庭,并非因为死亡。她的父亲曾是个酒鬼,总是冷不丁地出现在她的生活里,又冷不丁地消失。在即将成年之际,佩奇焦虑了很久,随后切断了与父亲的所有联系,并告诉他如果他酒醒了就可以回来。如今佩奇已经38岁了,父亲至今生死未卜。

佩奇与我们分享了自己失去父亲后所感到的羞耻,并继续解释她的复杂情感:"我不知道该说什么。当我说我现在不知道父亲在哪儿、靠什么谋生时,人们就会用不解的眼神看着我。这件事很复杂,有时候我甚至会想,如果父亲已经死了的话,我或许会更好受。"佩奇的故事反映出许多失去父亲女儿的经历。

失去父亲有各种不同的原因,可能是父亲主动离开,可能是形势所迫,也可能是灾难所致。他离开时,你可能还是个孩子,或是长成少女,抑或已经长大成人。他的离去可能是一个家庭的悲剧,只有家人知晓,也可能登上全国新闻头条,为公众所知。作为失父女儿,我们都有着自己的故事,也有着自己的疑惑。

如果父亲主动抛弃了你,你可能会问自己:"在他的心目中,我到底算什么?"绝大多数情况下,失去父亲是一场由分居和离婚导致的伤害。两地分居、夫妻间长期不和以及缺乏沟通都会导致父亲与女儿日渐疏远。离婚以后,母亲或父亲决定搬到其他地方居住怎么办?如果父亲离孩子几百或上千英里远,每月只陪孩子四天,或者甚至只能偶尔用Skype视频聊聊天,那么他能真正融入孩子的生活吗?父母离婚的情况在美国屡见不鲜,每个被卷入其中的人都是受害者。当然,每个家庭情况不一样。虽然不是所有的女儿都会在父母离婚后感到痛苦,但一个令人痛心的事实是,的确有很多女儿会痛苦不已。

　　失去父亲或母亲是一件让人无法理解的事情,在很大程度上父母把我们塑造成了今天的样子,无论是先天遗传还是后天对我们的影响。失去父母中的任何一人都会让我们感到被遗弃和孤独,我们不知道在世间该何去何从。因为对他们的爱,我们怀念他们。无论是怀念过去曾经拥有,还是遗憾未曾拥有,我们都会带着巨人的失落感度日。

失中有得

反过来说,面对如此变故却坚强地活了下来,失父女儿们会因此拥有很多令人惊喜的品质。在本书的研究过程中,我们与一些女性聊过,从话语间可以听出她们的韧性。而且,她们不仅坚忍,还足智多谋。失父女儿不仅能够重整旗鼓,还能蒸蒸日上。在她们状态最佳时,面对任何打击,她们都能稳住阵脚并取得胜利。面对危机,她们努力在痛苦中寻找意义。她们极为忠诚,待好友如亲人。正因为经历过重大变故,她们通常非常懂得去照顾他人的情感。她们会在你身边给你安慰,与你一同祈祷,必要时甚至会搬去与你同住。

她们爱则真正去爱,她们一诺千金。一旦定下目标,她们几乎总能超额完成。她们在工作中非常努力,会不知疲倦地工作,不仅是为了证明自己,更是为了超越自我。她们是独自求生的专家,并利用人生最大的挑战去获得难以征服的力量。18岁的劳伦说得最好:"那些艰难的日子里,我没有父亲帮我,我必须学着快速长大。我猜这就是作为一名失父女儿的真正意义——获得超越年龄的智慧。"

如果女儿在儿童期或青春期失去父亲，那么这不仅在当时会是一个重大打击，通常还会对成年的她产生很大的影响。尽管如此，我们仍然认为这种痛苦可以被引上一条积极的道路。下决心改变做事和看待事物的方式之后，你就能改变自己、子女和其他女性的人生。此刻的你，可能还没意识到失去父亲对你人生的潜在影响。很多受访女性也不明白，她们如今面临的问题可能会和失去父亲有直接的关联。她们中的一些人认为失去父亲一事已经翻篇了，或者是因为她们单纯就不那么在意自己的父亲，不至于会去回想过去；另一些人意识到了不对劲，但不知道这些问题与失去父亲有关。因为失去父亲的女儿太善于向前走了，所以需要一双慧眼才能发现一些迹象。我猜你会说，真的只有经历相似的人才能理解彼此。所以，让我们来告诉你吧！其实那份痛苦还没有消散，这一点我们明白，在内心深处其实你也明白。并不是只有在父亲节时它才会影响你，这份痛苦影响你的方式可能比你想象的还要多。它会从你的心里溢出，影响你的婚恋关系、职业生涯，还有你的幸福。它会将你孤立，让你认为一个人生活更好。而这本书，会帮助你探索、理解并改善自己的生活。通过阅读其他失去父亲的女儿的故事，你也许会在其中找到与自身经历相似的地方，这也是成长的一环，因为这会让你从一个新视角来看待自己的生活。所以，在阅读本书的过程中，请注意与他人交流。你要借鉴他人有用的方法。过去被隐藏的问题，总有一天会浮出水面，而你也一定会在这一过程中更好地了解自己。

何为失去父亲？

2014年，我们对全美近5000名女性进行了调查。我们设计了一份在线问卷，调查这些女性所处人生阶段和她们生活的不同方面，试图搞清楚失去父亲对她们的人生轨迹和决定是否有影响，如果有，是如何影响的。受访者年龄最小的15岁，最大的近80岁，其中大部分都处于20—50岁。她们来自不同的种族，有着不同的受教育水平和社会经济情况。参与此次调查是完全自愿的，整个参与过程完全保密。

在对问卷结果进行分析时，一个发现让我们大吃一惊：超过一半的女性表示她们感觉自己就像没有父亲一样。如下是她们给出的原因，很多人都选择了多个选项：

- 28%因父母离婚或分居；
- 26%因父亲完全情感缺位；
- 19%因父亲过世；
- 15%因被父亲抛弃；
- 13%因父亲有成瘾问题；
- 12%因遭父亲虐待；
- 6%因从未与父亲谋面；
- 4%因父亲入狱。

我们将失去父亲描述为女儿与父亲之间情感纽带消失，消失背后有各自不同的原因，也可能是多种原因的组合，包括死亡、抛弃、离婚、入狱、虐待、成瘾问题以及情感缺位。你的父亲可能长期患严重心脏病并因此去世，或是因一场悲惨的事故而突然去世。也许在你8岁那年一个周二的晚上，他收拾好行李就走了，再也没有回来。有可能是因为他入狱了、药物上瘾；也可能即使他就在你身边，但因为他对你的情感缺位，你感觉他也如同不在一样。你的父母可能已经离婚，父亲很少会在周末来看望你。如果他再婚了，他可能大部分时间都花在新的家庭上。或者你在过去的不同时期以不止一种方式失去过父亲。

无论你是如何失去父亲的，你都可能会觉得生活的走向早就发生改变了，你的心已经碎了，因为你太早就失去他了。如果你的父亲是主动离开的，你的内心当中可能会有这样一个声音，怀疑自己是不是不值得被爱，即使别人试图告诉你事实并不是这样。如果你的父亲去世了，你可能会心里空落落地彷徨于世，设法寻找答案。你感觉自己的某样东西被骗走了，明明其他女孩都有。你可能会感到羞耻、内疚、愤怒、自卑，害怕在其他关系中遭受同样的失去的痛苦。你常常尽力去保护自己内心的脆弱一隅。即便这意味着要在内心建起一堵高墙，你还会这样做，因为这样你就不会再受到伤害了。

失去父亲改变了你的人生轨迹。你会付出沉重的情感代价，感到深切的失父之痛，而且与遭受其他不幸不一样，你会有一种根深蒂固的生存需求。失去父亲的影响会在不同的人生时期以不同的形式出现，比如棘手的婚恋关系或者难以理解的情感。大多数女性通常都没有意识到这些经历往往与失去父亲有直接关系。为了继续生活,你可能很早就已选择埋藏这一份痛苦,将它塞进你心里的一个秘密角落之中。你可能已经说服自己,确信自己早已摆脱这份痛苦,但如今却发生了某件事,你又不那么确定了。也许对于那份隐匿着的痛苦,你能比以前更深切地感受到,你也许已经做好准备,带着同情和勇气,缓缓地走向它,去更好地理解它如何影响自己。

走出悲伤,需要的不仅仅是带着痛苦度日。要挺过创伤,单靠学着如何视而不见、逃避难以直面的痛苦是远远不够,还要腾出时间,找到合适的地方,去触摸、倾听和感受那些需要正视和愈合的情感创伤;否则你就会停滞不前,一切照旧。你就会被困在旧的情感模式中,重演同样的场景,还会再次使用难以奏效的旧的应对方法。

在生活中,失去父亲的影响可能会以各种形式逐渐体现出来,很多种形式都需要女儿变得独立,这样她就不会再受到伤害或感到失落。失去父亲女儿的特征之一,就是她们需要一直掌控局面。请看下面这些失父女儿的特征,勾选感觉符合自己的特征。

- 尽管身边的朋友曾指出你婚恋关系中的不健康模式，但你仍意识不到；
- 你可能死死抓住一段感情太长时间，或者相反，在对方可能离开你之前就选择主动结束；
- 在感情中，你可能在"别黏着我"和"别离开我"之间反复拉扯，这会让你疲惫不堪，还不称心；
- 你可能需要比别人长得多的时间才能放下一段失败的感情；
- 你可能心中还带着几年前（或数十年前）的痛苦和愤怒；
- 你可能在人生的某个阶段性生活过度，或者拒绝亲密和避免性生活；
- 你可能有着勇士般的表现，但却有着一颗他人看不见的破碎内心；
- 你可能觉得自己要对抗整个世界，且坚信自己可以独自做到；
- 你可能尝试着变得完全独立，这样别人就不会做出让你感到失望的事情；
- 你在婚恋关系中，可能曾努力想要完全掌控局面；
- 你可能比预期得更成功，感觉需要去不断证明自己的价值；

● 因为自我价值感或者害怕失去所爱的人，你可能要与焦虑、抑郁做斗争；

● 你可能有一种强烈（但未表露出来）的恐惧，害怕自己会再次被抛弃；

● 你可能想知道在一段"正常的婚恋关系"中是什么感受，还有自己应该设立哪种标准。

在研究中，我们非常清楚地发现，失父女儿在生活中可能会反复遇到上述这些问题，直到她们放慢脚步，理清自己的行为模式和情感模式，并决定改变自己在这些反复出现的问题中的角色，情况才会有所改善。我们调查的大多数失父女儿都反映，在成长的过程中，因为逐渐形成的自身恐惧和不适应，她们在情感、精神和恋爱关系方面很挣扎。想要改变这些模式，她们必须做好准备，去直面很多自己可能迟迟不愿面对的，且与失去父亲有直接关系的情感。

失父女儿往往会习惯性地将自己的情感推到一旁，转而关注外部问题，比如婚恋中闹的别扭、需要帮助的朋友，甚至是难搞的老板。

卡琳在做精神咨询师时，见证了许多失父女儿在咨询过程中实现了个人的巨大成长，而在一开始，她们通常感到举步维艰和没有希望。卡琳帮助咨询者把重心从外部转移到内部，引导她们学会自我同情，并慢慢接受自己的过去和现在。失父女儿可以达到更高水平的自我认知，并且更信任自己精神的力量和智慧。父亲的看法（或其看法的缺失）对一个女孩的人生有着极大的影响。他的看法可以使女孩变得更强大并获得鼓舞，也可以通过表达她不配得到他人的爱与承诺来贬低她。她通常会对此深信不疑，直到明白除了失去的人，还有自己，以及过去的观念体系正在阻碍自己的生活为止。

当失父女儿愿意远离每日的压力源，去了解自己的痛苦为何会在特定时刻突然爆发时，她们的自我意识会更加敏锐，她们就能开创新的局面，就能掌控自己的情感。卡琳的咨询客户梅格就是一个例子，她曾向卡琳倾诉自己有一段充满强烈波动的恋爱关系，这段关系让她不断经历这个循环：要么男友对自己太过亲密，让她感到完全窒息；要么太过疏远，让她感到与其分离很痛苦。梅格立即深陷其中，并将所有问题都归结到男朋友和自己身上。但想要得到治愈，她就必须将自己从纠葛中抽离出来，试着搞清楚这段感情哪里好、哪里不好，转而审视为什么这段感情会发展到这个地步。过去究竟发生了什么让他们这样对待彼此呢？

梅格成长于一个充满冲突和隐秘丑事的家庭中，缺乏稳定的爱。她看着自己的母亲因父亲酗酒与他不断拉扯，他酗酒、戒酒，然后又拿起酒瓶，有时来了又走，一走就是好几个月。于是，梅格靠着对自身脆弱性和亲密关系的高度警觉性挺了过来。童年经历造就了她的"常态"：持续生活在恐惧、不安之中，认为自己没有价值。她把过去学到的这些东西视为真相：爱就是混乱、困难、时有时无的。她无比渴望能够得到爱，但又觉得只有自己每天去努力争取才能得到爱。

在咨询的过程中，梅格拾起了新的勇气，开始谈论自己内心最深处对于爱和关怀的渴望了。然而，由于仍害怕亲密，她总是与男朋友保持一个看似安全但又痛苦的距离，不与他有真正的亲密关系。如果男朋友靠得太近的话，梅格就会怪他"太黏人"或者让自己"喘不过气"。但其实这把双刃剑还有另外一面，梅格在拒绝真正亲密的同时，又总是埋怨男朋友不去花心思讨自己的喜欢，不去想自己需要什么，更没有给自己一个生活的港湾。有一天，她突然灵光一现，意识到了一件之前一直忽略的事情："我从来都不知道，原来这竟与我父母有关，这么多问题都是我自己造成的。"

之后，梅格的故事迎来转机。男朋友看到她的改变后积极回应，也同意与她一起进行情侣咨询。在第二次咨询时，他自己哭了起来，终于放下心并且感到了足够安全，开始坦陈两人在关系中的疯狂状态和他失去父亲的经历。梅格从不知道他有那么强烈的被抛弃感。两人终于明白了，原来正是因为他们能在更深层次上理解对方，才互相吸引、走到了一起，他们也开始以全新的角度去看待这段感情。梅格与男友开始彼此同情，尽管他们在感情中都还需要成长，但自从能够承认并袒露心扉、表达自己的情感和需求之后，他们的感情迅速升温。两人必须同意各自独立面对自己的失去父亲之痛，不再想着治愈、修复或是消除对方的那份痛苦。

随着时间的流逝，失父女儿可以学着改变自己惯常的不健康行为模式，教自己如何对失去父亲这件事脱敏，并且不带评判、不带任何消极回应地见证自己的情感经历。这种方法可以给人带来极大的安慰、更大的平和、更健康的生活，以及整体幸福感和价值感的提升。你必须准备好去直面自己的内心，而不是去关注身边其他人的问题。认清并承认自己的痛苦会让你成长。学习新的应对方式可能是一个既让人感到挫败又艰难费力的过程。许多跟我们聊过的失去父亲女儿称，在她们做出如离开父母家、换工作或者与恋人分手等重大人生改变后，她们终于找到了直面内心并与过去和解的机会。取得自己需要的突破后，她们并没有急着迈出下一步，而是静静坐下来，开始耕耘自己的内心。

很多事情都会让我们心生疑虑，怀疑自己是否真的做好了面对这些问题的准备。当我们还是孩子时，也许在情感上还不能面对当时的情况，也不确定什么时候能够真正面对。朋友和家人会阻止我们去细细审视过去所发生事情的真相并抚平伤痕。我们在内心当中认为自己还没强大到能应对这个挑战的地步，所以即便直觉告诉我们要勇敢向前并处理这些问题，我们还是只坚持自己的所知所想。成瘾物质和行为会让我们一直麻痹，使我们感受不到内心中隐藏的伤痛。但总有一天，会有一扇门在我们的面前打开，那或许是挚友温柔的话语，或许是某本书中让我们惊觉"这不就是在说我吗"的某段话，抑或是慢跑时的一次惊喜的顿悟。成长便到来了。当旧的应对方法不再可行，就意味着有某个其他东西正在改变我们的人生。到那时，我们才能决定不再颠簸在相同的减速带上，而是握紧人生的方向盘，选择一条新的道路。

你属于哪种情况？

任何人都可能失去父亲。尽管不同种族、宗教、社会经济背景的人都会经历失父之痛，但是某些特定群体经历如此变故的风险明显要高一些。以下是美国不同种族失父家庭的研究数据：

- 67%的非裔家庭；
- 54%的印第安裔家庭；
- 43%的混血家庭；
- 42%的拉丁裔和西班牙裔家庭；

- 25%的白人家庭。

美国人口资料局(Population Reference Bureau)在2012年对来自美国人口普查局(Census Bureau)的数据进行了分析,结果发现,80%的美国单亲家庭是父亲不在了,母亲更有可能留下独自撑起整个家庭,其后果相当严重。在调查中,我们发现,超过三分之一的失父女儿家庭自父亲离开后,生活就会下降到贫困水平;仅18%的受访者表示,失去父亲后家里的经济状况仍然稳定;25%的受访者回忆称母亲需要打好几份工才能勉强维持生活。

也许是时候开始与自己的对话了。无论父亲是否在你身边倾听,你都可以找到自己内心深处的那份清醒与勇敢,开始和盘托出,尽管这一过程中会有恐惧,但你依然可以开始自己的治愈之旅。

不同的伤,不同的反应

失去父亲的方式不同,我们的反应也会不同。因离婚而离开家庭或选择抛弃家庭的父亲,在统计中是最令女儿愤怒的一类父亲。愤怒这一情绪是合情合理的,也经常是不可避免的。但如果这一情绪持续太久，则会阻碍我们过上自己原本要过的生活，而对于失父女儿来说，愤怒则会掩盖她们被抛弃感背后的真实情感。

当我们渐渐不再否认事实，也不再因失父而孤立自己，却突然意识到失去了父亲或曾遭受过失父之痛时，愤怒通常就会油然而生。我们想要迁怒某个人，也真的会这样做。也许你因父亲离开而愤怒，你因此而怨恨他；也许你气的是自己内心深处仍然是一个思念自己父亲的小女孩；也许你会责怪某位亲人。但总有一天，你需要好好审视一下自己的愤怒，特别是它究竟因何而起，又何时而起。

41岁的希瑟承认，自己对男朋友的愤怒经常失控："他不靠谱的时候我就会非常生气。他总是习惯性地嘴上说会几点钟到家，实际上却要晚几个小时。我特别生气，所以到最后，我们就会吵起来，比谁嗓门大，因为他觉得这并不是什么重要的事，但我觉得这很重要。我无法再信任他。在我的成长过程中，我爸爸就经常这样对我，他答应会来接我去过周末，但从不出现。在我和我男朋友最近的一次争吵中，事态变得更严重了。当时在车里，他把我的话当耳旁风，却表现得好像是我不讲理。我忍无可忍，跳下车，摔上车门，但我的包却被夹在了里面。在那个停车场里，我扯着门把手，大声叫嚷着我有多恨他。我整个人完全失控了。之后他挂了倒挡，直接开始倒车，把我包的背带弄断了。紧接着，他猛地踩了一脚刹车，但我根本没意识到，我一直发狂似的猛踢副驾驶的门。因为太用力，车门都被我踢出了坑。现在回想起来，我觉得自己当时的举动特别丢人，但有时候我就是控制不住自己。"

当我们听到像希瑟讲的这样的故事时，我们非常想帮助这些女性改变她们对这种情况的反应，换一个应对方式。反应过度会阻碍自我恢复。当时，希瑟本可以深呼吸，不大声叫嚷，好好解释自己的痛苦，并说出痛苦的真正根源。虽然她大可继续怪罪男朋友，但她也可以让男朋友明白，这一切都不是针对他。如果她可以吐露心声，并展现出自己的脆弱，那么这也可能成为让彼此更加亲密的契机。这里对于冲突的一个解决方法就是，设定一些双方都会感觉舒适的基本准则。当两人不在一起的时候，事先商议一个定期交流的时间，让双方对未来有更合理的预期，减少责任和信任方面的冲突。如果减少冲突，被踢出坑的车门就不会出现，对关系的持续伤害也就能避免了。

愤怒是父亲主动离开后女儿会产生的特征性情感之一，我们还发现，如果父亲离世，女儿的情况就会有所不同。父亲去世，尽管女儿会悲痛万分，但与此同时，她们往往会对父亲怀有好感。她们也会偶尔生气，但气的通常都是"如果父亲没有去世该多好"。这源于一种遗憾，有些事永远无法和他一起经历或分享。她们也许还会觉得这个世界亏欠了自己，父亲被生生夺走了。

许多女儿在父亲过世后，都会难以接受父亲本来的样子。人们认为，说死者的坏话是残忍或病态的，所以父亲过世的女性常常将父亲理想化。她们也许不想听到父亲的弱点、过错或负面品质，想象中的完美父亲才配得上她们所遭遇的这个巨大变故。当然，金无足赤，人无完人。只要女儿依然拒绝听人说起或无法接受真实的父亲（包括所有缺点与瑕疵），她们就还会陷在失去父亲的阴霾中。她们所知的父亲并不真实，把父亲理想化成为她们下意识的故意拖延策略，让自己暂时感受不到失去父亲带来的真正痛苦，因为有时真相会触发情感，迫使她们以一种新的方式看待自己的父亲。

在一段时间里，甚至是在好几年里，女儿在走出失父阴霾的过程中，将自己的父亲理想化是完全正常（且温馨）的。但是，在她逐渐长大成人，并明白自己能够容忍世界的不完美之后，总有一天，探索父亲的人生故事可以让她得到治愈。当她作为一名成熟女性（或许是为人妻、为人母之后）坐下并审视真相时，她便能够离父亲更近，也会明白父亲曾经可能也在相同的难题上挣扎过。

失去父亲带来的其他代价与失去父亲的原因、女儿当时的年龄等有直接关系。比如，如果父亲入狱了，女儿要在私下和公开的场合面对真相，这会使她感受到耻辱和对父亲的怨恨，并身背其所带来的难以承受的负担。如果是成瘾或虐待问题导致女儿失去了与父亲的联系，那么她可能会感到既羞耻又内疚。

父亲的情感缺位会在女儿心里留下一生的创伤，比如她会害怕自己不值得被爱，怕自己不值得被异性关注。受过创伤之后，失父女儿会深陷痛苦之中，还会产生心理问题，包括焦虑、抑郁，甚至可能造成药物滥用。

如果缺乏适当的支持，创伤会长期存在，妨害她的成长。研究表明，父亲关注女儿的时间长短会对女儿造成巨大的影响。实际上，95%的受访失父女儿都表示自己在情感上受到父亲缺席的影响，父亲很重要。

从女孩到成熟女性

女孩可能在任何年龄失去父亲，但无论哪个年龄，随之而来的痛苦都是创伤性的。但请知道这一点：女童、少女和成熟女性悲伤的方式是不同的。

失去父亲可能意味着失去了玩伴、保护者、教练，以及让自己变得更坚强的人，以及初恋。对于任何一个女孩而言，这失去得太多了，所以她无法完全接受这个事实。女儿应该从父亲那里学到的东西也随之远去了：感到自己值得被爱，因为自己是独一无二的；获得自信，以在这个充满竞争的世界里取得成功；找到对于男女关系的正确理解。

她被留下来面对这个世界，但要学习的东西太多，自己的小口袋实在装不下，所以她找了个方法，不知怎样做就把所有东西都通通塞在某个地方。尽管负担很重，但她还是选择了负重前行。然而，随着时间的流逝，这些东西找到了自己的用武之地，并开始慢慢地在生活中发挥作用，帮助她建立自信、学习应对生活、处理婚恋关系，最终（如果她选择了这些道路的话）指导她的婚姻和为母之道。

随着年龄的增长，她会开始看到自己厚重"盔甲"上的图案和裂痕。也许她在婚恋关系中面临着相同的问题，或者对遭到抛弃的恐惧还在心中不断回响着，继续把她放在情感过山车的前排座位上。也许她会经常做同样的梦。梦里，她被拉回到某些地方或看到某些面孔，这些画面她一直无法摆脱。如果在现实中她压抑自己的情感，无法表达自己的真实想法，那么在梦里她可能会发现自己同样无法表达——她尝试大叫，但却没有声音。现实中的她如果仍然愤怒，在梦中的她可能会努力为自己而战，因为在梦里，她可以不受伤害地去感受，根据内心深处的情感行事。也许在梦里父亲回到了她的身边，但醒来时，失父之痛又会再次潮水般涌入她的内心。

成为母亲后的失父女儿可能发现,问题总会在不经意间出现。她可能会因为琐碎小事就对孩子不耐烦和发脾气,几分钟之内就开始疑惑为什么自己的愤怒情绪会如此强烈。她可能会远离自己的丈夫,但同时潜意识里又希望他来拯救自己。她的家庭可能会是她感到安心并燃起希望的地方,但也可能会成为她情感最为脆弱的地方,使她年轻时就受到压抑的经历和情感再次在行为上表现出来。

失去父亲的真相

警告:我们即将告诉你真相。我们即将要揭开伤疤,这可能会让人感到不适,但我们需要你也把伤疤揭开。通过深入研究我们自己以及受访女性的故事,我们发现失父女儿们拥有丰富的情感和经历,同时也拥有惊人的恢复能力。我们的研究揭示了该群体所面临的普遍真相。当然,这些真相也许并不适用于该群体中的每一个人,但在她们之间,我们发现了很多不容忽视的共同点。

关于失去父亲，我们发现的第一个真相是：失去父亲带来的情感后果会蛰伏多年。失去父亲时，女儿会一下子慌了阵脚，但是在这一切慌乱不定之中，外表上她还是会表现得坚强。而通常情况下，只有等到这个女孩成年以后，并在前行道路上止步于某个巨大障碍的时候，这些消极情绪以及她自己究竟付出了什么的感觉才会开始变得逐渐清晰。这一障碍的出现，常常是因为她再次经历了变故或被抛弃，而随之而来的痛苦很像自己曾经历的失父之痛。正是在这时，她意识到从自己的养育者身上所学到的应对方法可能不再有用了，因为自己已经是一个成年人了。她来到了一个十字路口，意识到多年来自己一直在照顾别人，根本没有时间照顾自己，或者根本不懂该如何照顾好自己了。而就在这个十字路口，她的人生会出现重大转折。应该承认：过去作为一个小女孩，她尽力做到了最好，而且效果不错，因为这不仅帮助她自己走到了今天，还帮助别人挺了过来。而对于现在的她来说，是时候去提升自己、寻找新的应对方法，从而成为真正的自己了。

第二个真相是：失去父亲的女儿通常对（再度）被抛弃

有种来自心底的恐惧。被抛弃带来的创伤时刻提醒她们自己曾经被抛弃过。她们不让任何人走进自己的内心，对任何将会再次经历被弃之痛的迹象都保持高度警惕。对不熟悉她们情感的人来说，她们的反应似乎过于夸张，甚至可以说有些疯狂。通常，当面临再次被抛弃的风险时，她们会迷失方向，不知所措。对于成年后的失父女儿来说，对被抛弃的恐惧往往会碾轧她作为成年人的理智和情感。即使是我们当中最坚强的人，也会下意识地被焦虑摆布，并决心要在身体、经济和情感方面保护自己。

28岁的可可承认，曾经有一次男友要外出度周末而不带上自己，她在恐慌之下便选择了对男友撒谎。"我感觉到他在疏远我，所以我当时真的慌了。那个周末他要和朋友们去拉斯维加斯旅行，我当时确信他认为也许两人分开一段时间的话会更好一些。所以周四我给他打电话，歇斯底里地告诉他，刚刚有个陌生男人要劫我的车。我对着电话又哭又叫，弄得好像这真的发生了一样！我很羞愧，但我当时完全慌了，我想让他选择我。那个周末，我成功地留下了他，让他出于内疚来安慰我，但几个月后，我们还是分手了。我崩溃了。我甚至不敢相信，为了留住他我居然用了这些手段。"

我们还没有意识到,失去父亲的影响已经渗透进我们的婚恋关系和生活的方方面面。一种情绪引起一种反应,随后又会引起另一种情绪,我们甚至没有意识到生活中的这种异常。真相是我们害怕被抛弃。但是,如果意识不到恐惧来自何处,而仅仅是害怕的话,我们就会在婚恋中变得不理性。生活可能会走向极端。像可可一样,我们会冲动地离开或紧紧地抓住那个重要的人,却没有完全理解自己的情感,也无法看到一段关系的全局。我们因恐惧而变得盲目,很难意识到什么时候该留下解决问题,而什么时候该离开,找到真正的自己。

失父女儿的第三个真相似乎很明显,但是许多人却疏于表达。那就是:我们大多数人都很思念父亲,或是思念那个我们想要的他。我们怀念父女在一起的时光。我们想念他的拥抱、他的声音,以及当知道他就在附近时的那种安全感。如果我们从不了解父亲,我们就会思念想象中的他。我们习惯了每次听说朋友要去找她的父亲征求意见时所产生的五味杂陈的心情。

如果你是被父亲抛弃的,你可能会好奇:"他好像并不想我啊,那我为什么要想他呢?"如果父亲的生活方式或抚养方式有问题,那么对外人来说,你想念父亲这件事让人无法接受。如果你的父亲去世了,人们会为你的悲伤设定一个终止时间,并表示非常希望你能够继续前进。但是失去所爱之人对你生活产生的影响没有所谓的终止时间,它会一直影响你的生活。有些人不能完全理解你对父亲的思念,可能会错误地要求你忘掉他,或者试着放下。

人们通常会对他人的悲伤感到不适,倾向于想要减轻、摆脱这份悲伤,或者帮助当事人走出悲伤,因为沉浸在悲伤之中会让人十分难受,但他们无法感同身受。虽然他们的建议是出于好意,也常常是因为不想再让你受到伤害,但他们的建议并不现实。情感被否定,或因为某种情绪而被责怪,只会让人压抑自己或对外抗争。

第四个真相是:许多失父女儿都被迫过快成长。我们错过了许多以正常节奏走向成熟的女孩所经历的事情,而这会造成很多后果。对于一个小女孩来说,当朋友们都在参加活动，与大家和父亲享受快乐时，她却不得不去照顾家庭，这是一种痛苦。虽然这是失父女儿的又一损失，但我们发现，过早成熟也会带来积极影响：随着年龄的增长，过早成熟让我们在人生中领先。与那些没有经历过如此变故的同龄人相比，我们更早学会坚忍。尽管付出许多，但这是我们迎接未来人生挑战的一大优势，因为我们学会了如何靠自己变得更加强大并灵活处事。

没有父亲的生活

有些事情你无法改变。你的父亲去世也罢，被迫离开也好，主动离开也罢，总之他已经离开了，你未来人生中所有大大小小的时刻他都不在。父亲的支持和鼓励能否继续陪伴着你，取决于你失去他时的年纪，但在你的生命中，他的存在无可替代。因为经历和大多数朋友的不一样，你会感到孤立和失落。无论什么原因，你都失去了自己本该拥有的父女关系。无论现在还是未来，每逢节日你都不会收到那些朋友们习以为常的礼物了，而她们却常常没有意识到有父亲送礼物给自己是多么的幸福。周末，在棒球场、五金店或公婆家，你可能会和自己开始一场我们口中的"好奇对话"：我好奇，如果父亲在的话会是怎样的场景？如果见到现在的我，他会说什么呢？他会成为一个怎样的外祖父呢？你会继续走过这些瞬间，但来到生命中的一些重要节点时，你也许会停下脚步，突然就变得百感交集。

失去父亲带来了太多的疑问，有些没有答案，而有些你宁可一开始就不提。婚礼上，我要挽着谁走向新郎呢？我大学交的男友是个混蛋或者配不上我时，谁来告诉我呢？父亲节那天，当其他人都在和家人一起烧烤时，我要如何度日呢？多少个生日，我会为没有听到父亲电话中的那一句"我爱你"而伤心哭泣呢？我的车在雨中爆胎的时候，谁会出现呢？没有一位真正的岳父，我的丈夫会是什么感受呢？谁会去学校和我的孩子一起参加祖父母节[3](Grandparents' Day)的活动呢？

你的妈妈、(外)祖父或哥哥可能会尽最大的努力来填补这些空白。生活中可能会有承担父亲角色的人(如果你足够幸运的话)，有其他的模范男性，或者有一个很棒的丈夫，他们可能会以某种像父亲的方式对你，但他们永远不是你的父亲。

渴望被照顾时，你可以试着照顾自己。但是，如果没有正确的应对机制[4](coping mechanisms)，你可能会面临崩溃的风险。如果没有强大的支持网络[5](support network)，你可能会远离亲人或卧床几日。如果没有心理咨询师、牧师或导师的帮助，你可能会不知道如何照顾你的心理自我[6](mental self)和精神自我[7](spiritual self)，而且有患上抑郁症的风险。如果你发现自己连续一两周把自己封闭起来，或睡眠和饮食严重紊乱，那么你可能是患上了抑郁症。如果一个月过去了，你仍看不到好转的希望，那就该去寻求帮助了。你也可以帮助自己，让自己过得充实，做些能带给你快乐的事，并投入时间照顾自己。

你可能会有意无意地在伴侣身上寻找父亲的影子，而你的伴侣无法成为你想要的那种人；也许你会避免依恋，干脆选择放弃所有的陪伴；也许你会变成一个工作狂，除了情感成长方面，你在其他方面都出类拔萃。在你所做的很多成年人的决定背后，隐藏着的其实只是对父亲的一种简单而纯粹的思念。你思念父亲，这种思念影响深远。

情绪代价

如果压抑自己的痛苦经历，那么我们的健康，尤其是心理健康，会受到极大损害，这一点不奇怪吧？女性患焦虑症、抑郁症和饮食失调症的风险比男性高很多。重大变故、长期悲伤使其自我价值得不到足够实现，都会加速这些病症的出现。生活中如果少了父亲，我们的心理、精神、身体可能就会出现不良反应。如果你对自己或亲人不负责，那么你可能会通过暴饮暴食、吸毒、酗酒，养成其他成瘾的不良习惯来麻醉自己，这会酿成严重问题。

我们的调查显示，90%的女性感觉自己的情感因失去父亲而受到影响。此外，65%的女性有心理问题，35%的女性觉得她们的精神自我受到了损害，超过30%的女性觉得她们的身体受到了影响。当你继续往下读时，请记住，你可能并没有意识到失去父亲已经对你的生活造成了全面的影响。请密切留意每个主题如何触动你的内心。如果你想要重读一个特定的段落或某个引起你共鸣的故事，那是你的过去在诉说，你的内心被触动了。请允许自己停下来处理情感。你需要尊重、感受和释放那些隐藏在视野之外的情感。由于对失去父亲这件事很敏感，失父女儿会设法逃避曾经被抛弃的感受，试图通过专注于外部细节来掩盖问题。或者，当这种感受和内心的恐惧变得强烈时，她们就会直接选择无视它。而且，她们通常认为不值得去寻求改变。

和大多数曾经受过创伤的人一样，失父女儿的身体、心理和头脑会经历一段自我保护期。内心的情感可能会过于强烈，所以为了不去感受，她们可能会把成瘾行为当作慰藉，选择可以即时带来快感或能麻痹自己的东西，从而逃避痛苦。她们小小年纪就被要求处理成熟的问题，家人又忙于生计，没有时间将技能传授给她们，所以她们有染上成瘾行为的风险。如果没有适当的支持，没人告诉她们如何将自身健康放在第一位的话，那么与有父亲的女儿相比，失父女儿的自尊心可能会更低，而且她们的应对机制大多来自家中见闻。

除了小时候心理上的困惑，由于经济问题以及家族和社区内部的一系列变故，失父女儿可能还会遭受足以影响一生的损失。此时，谁会介入？谁又会离开呢？如果父亲还活着却不在女儿身边，那么他可能是缺乏责任心的。因此女儿在生活中需要额外的支持。

哈佛大学的卡罗尔·吉利根（Carol Gilligan）有一项里程碑式的研究，该研究表明，女孩会根据恋爱关系中看待自己的方式来确立她在世界中的身份。如果女孩与父亲的联系被切断，她的心理发展就可能受到各种各样的影响，包括形成新身份认同时遇到困难。她可能会经历悲伤、焦虑和极度的自我怀疑，失去部分身份认同，会对情感造成不良影响。而当她带着这些不良影响去探索世界的时候，会面临无数的挑战。

失父女儿往往不知道什么时候该信任（他人和自己），并且会对别人的承诺过分警觉。成年后，对男女关系缺乏理解可能会成为她们在家庭、学校、社区和工作场所的一个障碍。当发现自己正在考虑给某人承诺以确定恋爱关系时，她们会很焦虑，不知道自己需要付出多少。她们进退两难，给出承诺意味着她们会变得很容易失去，但自己又渴望被爱、被保护、被重视。恋爱与否是个两难选择。因为父亲的太早离开或其离开的理由对自己来说不够公平，女儿可能会觉得自己是受害者，从而产生受害者心态，多是在婚恋关系中，她们倾向于觉得自己是受害者。她们试图让自己和他人都相信她们遭受痛苦不是自己的错，从而能将受害者的角色继续紧紧安在自己身上。她们相信自己就是受害者，越陷越深。虽然做受害者痛苦又孤独，但她们很熟悉这一角色，而且感觉这比完全放下更能让自己安心，因为放下要冒风险。

她们也可能有自我破坏心理[8](self-sabotage)。如果她们不让任何人进入自己的生活并与自己建立亲密关系(而且没有人能达到她们列出的所有要求)，那她们就不会走入婚姻的殿堂，会错过爱情，也会拒绝伴侣的帮助。

此外，如果在一段爱情中付出太多却没有得到自己需要的一切，她们通常会再次开始怪罪他人。她们会将这段恋爱的失败归咎于他人的不足，而自己则扮演受害者的角色。没有父亲，她们可能没有完全学会如何被爱，而她们中的许多人都会下意识地想要惩罚自己生命中的男人，把尚未消解的愤怒发泄在他们身上。因此，她们可能会要求伴侣做他们做不到的事情，并从一开始就设定了失败的结局。如果她们的伴侣不能扮演所有角色——伴侣、保护者、父亲、顾问,那么这些女性就可能会一次又一次地指责伴侣,重塑自己受害者的角色,使这段爱情注定无法成功。意识到自己在这个循环中扮演的角色后,你就可以开始理解自己的问题,并研究这样的情感来自何处,之后你就会开始吸引一些不同的事物进入你的生活。

职场难题

失父女儿的困境和处世模式也会悄然渗透到她们的职业选择中。有些人选择职业道路时,考虑的是工作中与男性一起工作或接受男性指导的时间长短。一些女性表示自己下意识地选择了女性居多的职业,以避免与异性成为同事;另一些女性意识到自己有意选择了竞争激烈的职业,这样就可以向世界证明她们的价值,尽管父亲让她感觉恰恰相反;还有一些女性会在职场中寻找父亲般的人物,从他们那里获得自己所渴望的认可。

与失父女儿共事可能很有挑战,因为她们有时对掌控局面的需求太强，而这一点其实是有害的。她们可能很难接受他人的指导，因为她们已经指导自己太久了。在领导和同事们眼里，她们要么无法调教，要么无所不知。但人们无法窥探到她们内心深处的不安全感，也看不到她们需要通过自己的成就来感到被认可。她们通常会拼命寻求认可和表扬，而如果没能在第一时间获得这种反馈，她们就会很难受。工作中遭到拒绝会揭开她们情感的伤疤，并使她们过度认为这是在针对自己。由于过去的遗留问题，她们可能很难去享受工作、爱情和玩乐。而另一方面，她们是天生的领袖，善于解决问题，而且极度忠诚。一旦懂得了如何使用自己学到的本领，她们就会拥有无限可能。而在找到信任自己的人之后，她们对卓越和胜利的欲望就会更加强烈。

我们的希望与姐妹情谊

疗愈失去父亲伤痛这一过程并不容易，悲伤的各个阶段都不可预测。悲伤实际上是周期性的，而不是线性的。情感需要得到处理和重新审视，因为在成长过程中，你对失去父亲这件事的认识会发生变化。我们强烈鼓励你利用自己的内部资源[9](internal resources)来应对这一过程。我们相信，通过变得更加坚忍与智慧，以及对自己和沿途进入你的生活的其他人更有同情心，你会得到回报。未来会给你惊喜。

　　治愈和恢复的可能性是真实而美妙的，足以改变你的一生。当时机成熟，面对真相正是失父女儿们所需要的。我们必须愿意去还原父亲的真实样子，以及父亲对于我们来说的那部分意义，这样才能全面客观地看待他的离开。我们需要接受自己的脆弱和坚强，视之为经验、教训和礼物，来帮助我们更充分、自信地活着。

1 美国喜剧,围绕美国旧金山的一个单亲家庭的生活展开。另正文中序号为"1、2、3…"的注释均为译者注。——译者注
2 霍普·埃德尔曼,毕业于西北大学新闻学专业,并获艾奥瓦大学非小说创作写作硕士学位,其文章常见于《纽约时报》《华盛顿邮报》《芝加哥论坛报》《父母亲》等各大媒体。曾获得"《纽约时报》年度值得关注作品奖""小推车奖"等。
3 美国祖父母节源自1978年,时间是9月的第一个星期日,当时的美国总统卡特签署了一项法案,将每年的9月美国劳动节后的第一个星期日定为祖父母节。
4 应对机制是个体处理压力和倦怠的一系列策略和方式。
5 支持网络或社会支持网络是指由个人与个人之间的接触所构成的关系网,通过这些接触(关系网),个人得以维持其身份,并获得情绪、服务、信息等支持。
6 心理自我是以我们的思想和一种特定的心理物质为基础的。它与经验自我的概念不同。在这里,自我被假定不再基于精神物质,而是基于代表和反映自己身体和大脑的生物过程。
7 精神自我是对自己的意识状态、心理倾向、能力等的认识。美国心理学家詹姆斯认为,精神自我是我们的内部自我或心理自我,这些心理性格倾向是我们最持久和私密的部分。
8 心理学家将自我破坏定义为人们在事先尝试保护自我、防止自己失败的时候,往往会创造出某种情景(真实的或者想象的),这种环境不利于人们在压力性任务中充分发挥能力。
9 内部资源是提供放松、快乐、支持、力量和安全的所有内在资源。比如,回想积极的记忆或画面有利于一个人治愈创伤。

第二章

死亡、离婚、抛弃,以及父亲离开的其他方式

父亲的职责是教会孩子们如何成为战士,
在必要的时候给他们信心,让他们能跃上马背去战斗。
如果你没有从父亲那里学到这点,你就得自学。

——谢丽尔·斯特雷德(Cheryl Strayed),《走出荒野》
(*Wild: From Lost to Found on the Pacific Crest Trail*)

对于儿子来说，父亲是他的第一个英雄；而对于女儿来说，父亲还是她的初恋。不幸的是，你的父亲可能还是第一个让你悲痛欲绝的人。失去父亲的方式有很多种，所以每个女性的故事都有独特的时间线和完全不同的内核。在过去的时间中，你失去父亲的方式甚至可能不止一种。

根据美国人口普查局的统计，三分之一的孩子生活在没有亲生父亲的家庭中，这一数据正在引发人们的关注。新的研究表明，失去父亲对小女孩的生活会产生广泛的影响。研究还强调，相应的资源和支持要向她们开放。遭遇变故的儿童和青少年经常陷入孤立之中或感到迷失，而由于自身的经历，她们的生活轨迹在成年后可能会发生巨大的变化，尤其是和那些与父亲关系密切的女儿相比。在许多深度访谈中我们注意到，这些女性的生活状况与父亲离家时的情形有关，并且一系列的明显后果都逐渐在她们的生活中显现出来。每个故事都不一样，也都有着不同的负面影响。你的经历会影响你如何与父亲、与男性、与自己相处。

离婚

根据美国最新的数据统计,一半的婚姻会以离婚告终。在我们的研究中,离婚是最常见的失父原因。

数据还显示,相比于父亲去世,因父母离婚而失去父亲通常会使女儿遭受更多心理上的痛苦。这可能听起来让人意外,但父母离婚所带来的被抛弃感确实会产生更深远的影响,而且可能一直伴随到成年。与父亲去世的女儿相比,父母离婚的女儿有以下倾向:

- 希望得到同龄男孩更多的关注;
- 对父亲最为苛刻;
- 在行为上更加反抗权威;
- 不断寻求成年人的关注,尤其是成年男性的关注;
- 对男女伙伴表现出更多身体上的攻击性。

我们知道,父母离婚的孩子是痛苦的(这种痛苦会持续到成年以后)。父母婚姻的失败不是孩子的错,留下女儿来收拾乱摊子,这也不是她的错。不幸的是,许多离婚父母往往只顾着将婚姻的失败归咎于彼此,而没有理会自己的孩子正在经历着什么。虽然离婚可能会让带着孩子的一方松一口气，但孩子会不可避免地充满焦虑和困惑，没有安全感。她可能会想，如果父亲能这么轻易地离开，那下一个这样做的会是母亲吗？

离婚对每个卷入其中的人来说都是痛苦的。不幸的是，很多情况下，孩子成了父母之间互相伤害的工具。而通常情况下，父亲会是那个因为夫妻之间未解决的问题而被赶出女儿生活的一方。

已经有研究表明，通过营造不稳定、充满冲突的环境和让孩子感到担忧，离婚会在孩子的生活中制造情感压力，尤其是她还要被迫选边站的时候。随着时间的推移，女儿会因为自己所经历的事情而积累很深的怨恨，尤其是当她意识到小时候的自己本不应该被置于两个成年人中间充当工具。

你对父亲的怨恨会有很多不同的形式。父亲也许是为了另一个女人而离开，也许是为了一种新的生活而离开，而你则被抛弃了。也许你的举动和大多数孩子一样：在那个巨大、空旷、令人困惑的空间里，你可能会对发生的事情做出自己的解释。你可能感觉父亲的离开好像跟自己有关，好像你做错了什么。你甚至会认为自己不值得被爱，不值得父亲坚持下去，为你留下来——因为他没有这样做。

他的行为传递给你的信息是：他生命中的那个人或事比你重要得多。"他们赢了，你输了"，你听到这个声音在内心深处回响，并开始从心底里相信它。如果你父亲再婚或是跟别人约会，面对这种令人不适的事实，你会产生一系列新的感受。你会和他的新女友交朋友吗？这样做会不会不尊重你的母亲？他们会一直在一起吗？如果他们分手了，他会回到你和母亲身边还是……再一次选择别人？这方面的数据并不乐观：在父母离婚的孩子中，有十分之一的孩子会再经历三次或三次以上此类事件。在破碎的家庭中，抛弃的戏码往往会重演。最终，这可能会威胁到你自己的婚恋关系。父母离婚的女孩会下定决心不重蹈父母的覆辙，她们肯定会这样做，她们会不惜一切代价去避免再次经历被抛弃的痛苦。

如果你发现父亲为了某个人而抛弃了家庭，或者发现他其实是性少数群体的话，你会怎么办？最初你会感到孤立无援或困惑不已，因为他已经不是你过去和现在所认为的那个人了。你必须给自己时间接受这个事实。也许你曾经怀疑过他的性取向，而现在松了一口气，因为终于真相大白了；或者你可能之前对此一无所知，所以现在很震惊。不管怎样，你情感的根源来自你与父亲的潜在关系，来自他的选择对你造成的影响。是的，他应该被允许过上对于他来说最真实的生活，但在这个过程中你不应该被抛弃。当你觉得准备好了，就去找找答案吧。向他或某个关心你的人表达自己现在的感受，请他们帮你理清头绪。对自己要有耐心，要允许自己有一个接受的过程。

你可以请求父亲与你独处，找一找你们的共识和能相互理解的地方。对性少数群体的子女的研究表明，如果孩子从早期阶段就感觉到父母对自己的信任，愿意让自己知道真相，那么孩子就会更好地接受这个现实。与父亲的新身份相比，父母婚姻的破裂对你来说可能更痛苦。父亲离开时你的年龄是一个重要因素。专家称，对于这种情况，小女孩往往会就事论事，接受现实，也会表达父母双方仍然要照顾自己的需求。学龄期的女孩可能会害怕父母公开性取向会影响自己的稳定状态以及与同学的友谊。她容易担心自己会在学校被取笑，而她在寻找接受这一现实的办法的过程中，会需要来自心理咨询师和教师的帮助。处于青春期的女孩尤其难以接受父亲性少数群体身份的消息。她的情感可能会表现为一开始极其喜欢表达，想尽量了解情况，然后慢慢变得沉默寡言、愤怒或孤僻。她对家庭变故的反应在很大程度上取决于之前这个家庭的整体稳定性以及她的自信。一些失父女儿谈到童年时的自己在父亲性取向方面被误导了，而尽管这种被误导的感受所带来的后果自己很难控制，但是与发现父亲是性少数群体后的困惑之苦相比，失去父亲会让她们痛苦得多。

2014年，作家吉尔·迪·多纳托(Jill Di Donato)接受赫芬顿邮报在线(HuffPost Live)采访时谈到了自己在22岁时发现父亲是性少数群体之后的困境："发现这件事后，我对我的父母有点生气，因为他们隐瞒了这一点，还欺骗了我。后来，我有种感觉：我总是会在和男人的亲密关系中试图把他们调查得一清二楚。"她记得小时候自己其实注意到了关于她父亲性取向的线索。"我真的认为孩子们……会注意到一些线索，而且都是一些隐藏着的线索。我父亲曾经真的过着双面生活，我注意到了这一点，只是我当时不知道这叫什么。"迪·多纳托说，父亲公开性取向后她经历了一段非常艰难的时期，但她说，她最终成功与父亲有了一个"新的开始"，并且能比从前更了解他真实的一面，这给有同样经历的失父女儿带来了希望。

作为女儿，在你发现父亲是性少数群体后，如果你开始质疑自己或其他人的性身份，请不要感到惊讶。因为就算你没有发现，你也可能对他还是不那么信任。请注意你的信仰体系被影响的方式，同时要知道，有一些人是可以理解你的。

如果你在父母离婚后被抛弃，也没有和父亲维持一个良好的关系，那么你可能总是想知道他在哪儿，自己会不会在某个地方以某种方式撞见他，下一个电话会不会是他打来的。如果是，你还没想好自己要对他说些什么；如果你让自己一直想，那么这些疑惑就会让你的脑子一片混乱。你不断在两种情感之间切换：有时你很思念他，有时却又为他的离开而恼怒异常。

丽贝卡今年28岁，她父亲为了另一个女人而离开她母亲时她才11岁。"我父亲是那种爱显摆的人。他开奔驰，戴劳力士。父母离婚后不久，我们从一处精心装修的庄园搬进了一套两居室的公寓。在公寓附近的所有家庭中，我们家是唯一一个由设计师精心挑选家具的家庭，虽然这名设计师住的房子也不大。我和哥哥在两种不同的生活方式中来回切换。当我们和父亲在一起时，我们在高档餐馆吃饭；当我们在家的时候，我们就吃汉堡帮手[1]（Hamburger Helper）。我喜欢美食，但说实话，比起一份三分熟的上等牛排，我更需要新衣服。我记得有一次在父亲来接我们之前，我问自己最好的朋友我是应该穿为了圣诞节而买的新连衣裙，还是应该穿自己的旧牛仔裤，好让他知道我们有多需要钱。回想那一刻，我的心都碎了，他怎么能这么自私呢？"

尽管父亲的错误给尚未成年的你带来了痛苦，但你不能让痛苦来主导自己的成年生活，也不能让它们去定义你自己。确实，父亲的离开是你人生的一部分，而在某种程度上，这也成就了如今你这样一个坚忍的女人。

然而，是否开始把他当初离开你的决定只看作生命中的一件小事，这取决于你自己。你现在是成年人了，要为自己的幸福负责。你不必变得百毒不侵或铁石心肠，但你必须学会不再做受害者。

离世

玛丽·林纳德·伯纳德(Marie Lyn Bernard)，笔名里斯(Riese)，是 Autostraddle[2] 的主编，写过一篇名叫《不觉间已结束》(Before You Know It Something's Over)的关于失去父亲的文章，这是我们读过的讨论该话题中最令人酸楚的文章之一。文中，她讲述了自己14岁时失去父亲的往事，这是她经历过的最痛苦的事情。她还说，她必须永远告诉人们这件事。她宣告："我即我所失。"这篇文章确切地表达了我们很多人失去父亲后的感受，失去父亲已然成为我们的一部分。她接着说："我想跟你们聊聊，用毕生去悲痛，让可怕的幽灵笼罩现实，感到认识的人当中永远都不会有人真正理解我，因为他们从未了解过我的父亲，这该是什么样的感受啊。"里斯把她父亲的故事比作一首永不过时的歌曲。和许多过早失去父亲的女儿一样，她为永远无法讨论"新专辑"而感到沮丧。她担心，你也许也担心过，人们不想一遍又一遍地听同一个故事。然而，在这个故事中，我们的至亲可以死而复生。所以，这首歌曲是一个礼物，我们可以打开它并反复聆听。

父亲离世了的女儿不厌其烦，总是想更深入地了解父亲。对于自己的身世和过往，她们感觉永远了解不透。一旦父亲离世，你就再无法回到过去和他说话了。你没法问他是如何爱上母亲的，或者他孩童时期最美好的记忆是什么。留给你的是所有他离世前你就知道的信息，所以你会把脑海中的故事和记忆全部找回，并进行加工，然后讲给朋友们听。

父亲离世的女儿倾向于觉得自己被骗了，因为她们再也没有机会做父亲的乖乖女了。即使他在世时不是一位伟大的父亲，他也永远没机会朝这个目标努力了。与其他失去父亲的原因相比，父亲离世的特殊之处在于女儿再也没有与父亲面对面的机会了。

48岁的莱恩向我们讲述了她童年的一段时光，当时她无法理解父亲怎么真的就走了。她6岁时，父亲死于一场车祸。葬礼上棺材没有打开,所以她没有见到父亲的遗体。"当时我很难相信我父亲真的去世了,因为我从没看到过他的遗体,甚至不确定去世意味着什么。因此,多年来我一直抱有希望,父亲可能不是真的去世,怎么可能是真的呢?

"我记得在大概11岁的时候,我开始在电话簿上找他的名字。你知道,当时没有互联网,所以找人并不像现在这么容易。他的名字在当时并不常见,当我用手指沿着电话簿向下滑动,看到用黑色粗体字写着的那个名字时,我想我找到他了!我真的相信自己已经解开了这个谜团。我之前就说服自己,认为他可能是在证人保护项目(witness protection program)[3]之中——这跟猫王(Elvis)[4]死后人们的解释一样。

"我拿起厨房电话,拨通了那个号码。当那头一个女人接起电话时,我突然热泪盈眶,开始飞速地讲话。'你丈夫是我爸爸,一定是哪里弄错了,请你告诉他我想他,想要他回家。求求你了!'我恳求道。后来我们总算挂断了电话,我也确实记不起来了,但我当时确实期待能再次见到爸爸。那晚,我妈妈解释说,电话簿上的男人不是爸爸，爸爸早就去世了，电话簿里的男人只是和爸爸同名而已。我崩溃了，梦想破灭了。"

童年时期，理解死亡极度困难。对于大多数女儿来说，她们要倾其一生来接受这永远的痛。研究表明，与父亲因其他原因离家的女孩相比，父亲离世的女孩倾向于做下列事情：

- 避免与男性接触；
- 对自己的父亲有一个更理想化的概念；
- 对父亲的离去感到更深切的悲伤；
- 经历更强烈的分离焦虑；
- 否认和回避与此变故相关的情感。

伊莎贝尔，现年54岁，她22岁的时候父亲就离世了。她说："看着自己的父亲生病、最终离世，可能如你所想，这种感觉是非常糟糕的。你想花尽可能多的时间陪他，但同时你又想逃离，不想看着他受苦。眼睁睁看着你的至亲身处痛苦之中让人难受。你看到自己生命中的力量源泉变得脆弱不堪，渐渐消失。癌症折磨着他，让一个原本积极活跃、精力充沛、风趣幽默的男人卧床不起、疲惫不堪、一言不发。他是我的父亲，又不像是我的父亲。从某种意义上来说，从他患癌症的那一刻起，我就失去了他，只不过四年后他才因癌症去世。死神随时'眷顾'父亲的这四年，真够漫长的，内疚、愤怒和悲伤交织。当时，我正在失去自己的父亲（因此我为自己感到难过），但他正在失去的可是自己的生命啊。而且，即使你早就知道他会离去，他去世的那天仍然如遭晴天霹雳。从此，你感觉这个世界不那么安全、不那么稳定了，也不那么令人安心了。尘埃落定，他得到了解脱，但你的痛苦仍在继续。没有父亲你还要继续生活。曾经好多年我都在想，我是不是本来可以为他做得更多。我已经记不清自己有没有在最后一天跟他说我爱他。"

帮忙照顾一个生着病、即将离世的父亲是有意义的，但也会使人身心疲惫。这还会让人觉得是一个重担，照顾不到位的话还会让人内疚，没有人能理解（除非他们有同样的经历）。也许有人说："至少他没有突然去世，你还能和他临终道别。"尝试向这种人解释这段经历太劳心费力。事实上，你可能没跟他道别，因为这可能会让你觉得这就意味着放弃了他能战胜病魔的希望。所以，你学会了这样做，深呼吸，说一句"对"，然后继续前进，这样容易得多——你已筋疲力尽，无力诉说失去父亲之痛。

更糟糕的是，在父亲去世前，一些女性就曾因父母离婚或父亲的情感缺位而失去过他一次，而且她们不得不接受这样的一个事实：自己与父亲之间有许多悬而未决的问题。层层伤疤叠在一起，整个人就必须在心理、情感和生理方面去一一承受——这一点常常被忽视。

例如，如果父亲因癌症、肌萎缩性脊髓侧索硬化症（amyotrophic lateral sclerosis/ALS，又称"渐冻症"）或心脏病等疾病而去世，那么有这种经历的女性所面临的一个问题就是，她们会担心自己未来也可能患上同样的疾病。讽刺的是，当她们去看医生或预防这些疾病时，这种举动会再次提醒她们，自己已经失去了父亲。可怕的想法和恐惧不断回荡在脑海中，最终导致就医，由此进一步加重了身体的压力，削弱了自身的免疫力。

生活方式的改变会给予你巨大的力量，让你逐渐相信自己有能力保持健康、远离疾病。去预约医生或体检之前，做好心理准备很重要，方法包括自我平静技能（如瑜伽或冥想）、自我积极肯定、认识现实等。

在逝去的父亲中，有的会在生活中伤害女儿，而有的则是女儿最好的朋友。45岁的考特妮谈起父亲时泪流满面："我永远记得父亲对我说的最后一句话，当时他虚弱地躺在床上，轻声对我说：ّ你幸福吗？'我微笑着看着他说：ّ嗯，爸爸，我很幸福。'尽管在这之前我从没有那么伤心过，我还是跟他说我很幸福。当时他已生命垂危，我感觉我的内心也在凋零。说完这些之后，父亲就闭上了双眼，失去了意识。我一直待在他身边，直到他咽下最后一口气。我悲恸至极，但从某种程度上来说，这也是我目睹过的最为平静的一件事。我最想念的是我们的日常谈话和他对我的鼓励。他是一位伟大的父亲。我下定决心，努力成为我儿子心中的伟大母亲，因为我知道该如何做，我也知道是父亲的爱塑造了今天的我，所以我想把同样的爱传递给我的孩子。"考特妮很幸运，因为她曾有一位了不起的父亲，向她展示了一位父亲应该做到的一切。父亲是她的知己、她的保护者、她的养育者、她的英雄。

猝然离世

如果父亲突然去世，猝不及防，世界就会天翻地覆。一瞬间，人生沧桑巨变。

福齐亚，现年46岁。在她12岁那年，为了寻找更好的机会，全家从巴基斯坦搬到了纽约。很快，她就喜欢上了这里，也交了很多朋友。父亲在家乡时是一位很有名的记者，但要在美国获得一席之地，父亲有些吃力。在福齐亚18岁那年，父亲决定回到巴基斯坦从政，她选择继续留在这里读完高中和大学。潜意识中她觉得自己被抛弃了，但她知道父亲有多爱她，所以便把这些情绪压在心底。她告诉自己："爸爸只是在做自己的工作而已。"

快30岁的时候，福齐亚遇到了一生挚爱，开始筹办一场盛大的婚礼。然而，筹办婚礼中途父亲却意外去世了，这犹如一道晴天霹雳。悲伤之下，她取消了那场盛大的婚礼，举办了一个规模很小的结婚仪式。父亲去世这件事始终伴随着她。她承认：

"在内心深处，我其实一直都在等待婚姻中的另外一只靴子落地。我感觉我的丈夫也会离开我。我总是对

他说:'我们分手的话……'这时,我的丈夫总是摇摇头说:'我哪儿也不会去。'

"后来结婚快十年的时候,我们去参加一位朋友的婚礼。那天,父亲真的出现在我的脑海里,我感到不安。婚礼结束后,我需要去一趟洗手间,但洗手间在教堂地下室,很黑,我实在不想一个人去,就叫了我的丈夫陪我。到了之后,我觉得这样做很傻,就告诉他可以回前台等我,我一个人可以的。

"然后我进了洗手间。等我出来的时候,发现他并没有离开,一直在外面等着我。那一刻,时间仿佛静止了。我问:'你怎么还在这儿?'他注视着我的眼睛说:'我不会离开你。'就在那一刻,在父亲去世快十五年后,我才突然意识到自己过去一直在等待着失去他,就像失去父亲一样。'我不会离开你',因为这句话,我释怀了。我走出了失去父亲的痛苦,并且明白自己有第二次机会拥有真爱。"

和很多失父女儿一样,每当福齐亚感受到来自男人的爱,即将失去一个人的感觉就会变得强烈。直觉告诉她不要相信永远,因为男人总会离开。虽然她认为自己早就可以应对了,但父亲去世一事对她的婚恋关系仍然有着很大的影响。刚才她与丈夫一起经历的那一刻,是一个多么美好而又意外的治愈时刻啊!你永远不知道那一刻会何时到来。

因暴力而死

有些死亡的情况更加复杂,你不得不承受的不只是失亲之痛。如果你的父亲死于谋杀,你怀疑是某人所害,那么你就会被多重痛苦折磨。你不仅会因为父亲的去世而悲痛,同时还会担惊受怕:背后有没有什么隐情,是谁害了父亲?凶手还会伤害你或你的家人吗?一想到杀害父亲的人如此残暴,你就会害怕,会很煎熬。他/她还不知道你父亲有一家人要照顾吗?

这个时候,你需要面对父亲去世的伤痛,甚至需要多次面对,随后你才能示之于人。为了避免别人问你难堪的问题,重提伤心往事,你想把细节深留心底,不与别人说,这是可以的。对于一些女性来说,父亲的去世会以一些难以想象的方式改变她们的日常生活:她们看不了恐怖片，悬疑谋杀类的节目会直接让她们陷入父亲遇害的恐惧当中，无法自拔。

失去父亲之后，丹娜一直很害怕母亲会遭遇不测。"在很长的一段时间里，如果我给我妈妈打电话，她没有立刻回拨的话，我就会疯掉。直到今天，我仍然非常害怕会有什么不测发生在她或其他家人身上。我已经学会说服自己不要害怕，并提醒自己，都已经过去了，那样的事大概率不会再发生了。但我心里的那个小女孩还是会害怕。这需要时间。"

如果父亲遭遇暴力死亡，那么女儿的快乐童年也就此结束了，取而代之的是痛苦，小小年纪就意识到世界真是一个可怕的地方。有的人会伤害他人。这些失去父亲的女儿会对身边的人高度警觉，而且对直觉做出反应的速度快于常人。一旦感觉情况不对或形势危急，她们会高度警惕，随时准备脱身。真正恐惧时，她们常常会表现出愤怒。因为家中以及父亲身上发生过的不幸，她们会感到被抛弃、被诅咒，是那个人改变了她们的人生轨迹。

在社会上，受害者会遭受非议。如果有人被谋杀了，人们不只关注凶手，他们还想知道受害者到底做了什么才遭受到致命的伤害。人是好奇心很强的生物,渴望了解案件的具体细节,却不考虑被害者家属会有多痛苦。这是一种自保的心理在作怪,如果受害者遭此厄运有某种原因,或者有什么明显的缘由,那么我们会想要确保自己不会重蹈覆辙。女儿不必去辩解父亲是怎样的一个人,他为何被杀害,他生前做过什么、没做过什么不重要,最重要的问题是父亲有多爱她,以及他是一位怎样的父亲。如果有机会,丹娜想要对杀害父亲的凶手说:"你不仅夺走了我父亲的生命,而且夺走了我的人生,让我痛苦多年。你让我变得不再天真单纯,让我变得更加坚忍。正是因为我的坚忍,我才能勇敢面对生活的挑战,在巨大的痛苦中创造美好。"多年来,丹娜一直在质疑自己的信念,想不通是什么样的上帝会允许这样的事情发生。死亡对任何人来说都难以接受,无论是哪种情况。而丹娜能够成功的原因是,在人生的每一个阶段,她都在直面痛苦,始终敢于承受失去父亲的悲伤。她写了这本书,为其他失父女儿提供帮助;通过这些方式,她成功地把生命中最难以想象的痛苦转化成了充满意义的事情。

自杀

父亲自杀是另一种父爱消失的情形,这一情形既复杂又令人心碎。但不幸的是,自杀事件越来越多。根据美国疾病控制与预防中心(Centers for Disease Control and Prevention, CDC)的数据,如今因自杀死亡的人数已经超过了车祸致死人数。最大的问题一直都是"为什么"——为什么我没能阻止这一切?为什么他对我的爱不足以支撑他活下来?为什么我没有发现他遭受着那么多的痛苦?为什么会发生在那一天?

自杀曾被称为一种自私的行为,但是背后的原因却复杂而痛苦得多。有时,父亲是想让家人摆脱因他而起的经济或法律麻烦,他确信如果少了自己,家人会过得更好。也可能在几十年的时间里,他都在与抑郁症或某种疾病做斗争,最后只想从痛苦中解脱出来。事实是,父亲自杀并不是想离开你,而是因为他无法再承受那样的痛苦,似乎已经没有其他可能的解决或缓解的办法了,他只看到那种方式可以帮他从中解脱。他所承受的痛苦常常是其他人无法真正知晓或理解的,这并不是任何人的错。

自杀的男性人数远超女性。美国国家预防自杀战略(The National Strategy for Suicide Prevention)的报告显示,美国大约一半的自杀事件发生在25岁到65岁的男性群体当中。根据美国心理卫生协会(Mental Health America)的数据,45岁以上患抑郁症或酗酒的男性自杀概率最高。在一份研究中,离婚男性的自杀率是已婚男性的2倍,是离婚女性的8倍。

有些人认为自杀率上升与收入压力以及经济衰退有关,另一些人则将其归咎于处方药的增加使用或枪支法。但不管怎样,很清楚的一点是,自杀的人通常患有情绪障碍或精神障碍,主要表现为抑郁症或双相情感障碍。

无论何种原因,那些活着的人所承受的痛苦是他人无法理解的。失去父亲的痛苦就像原子弹爆炸产生的冲击波一样不断袭来。首先是震惊,之后是内疚和无助感。你反复回忆你们之间的最后一次谈话或来往邮件,试图寻找线索。是不是要是当时做了什么,这一切就不会发生?你会责怪自己。你曾经是想帮助父亲的。这样的悲痛就是一种折磨。如果父亲自杀了,那么你从震惊、内疚、愤怒到无助的一系列情感就都是正常的。由于在美国心理疾病被污名化，父亲可能因感到羞耻和难堪而不去寻求帮助。美国疾病控制与预防中心预计："大约25%的美国成年人患有心理疾病，近50%的美国成年人会在其一生中患有至少一种心理疾病。"这是一场需要大家共同关注的流行病。如果你父亲曾经有心理健康问题，那么请与你能信任的人聊一聊你的感受，向你的社会支持网络求助。综合种种原因，现在你该认真考虑一下寻求专业帮助了。

如果你的父亲自杀身亡或者曾与心理疾病做斗争，你可能会想知道，我注定要受苦吗？我有自杀基因吗？如果多年来你独自一人去面对这样的恐惧，它就可能成为一颗定时炸弹。随着你长大，你会想知道如何衡量自己的伤心程度以及应对抑郁症和自杀倾向的能力。咨询心理健康方面的专业人士，他们可以帮助你整理情绪。父亲自杀后，你的悲伤会很复杂，因为你不但要处理你对父亲的复杂情感，你还突然得去设法面对自己的恐惧和疑问。哪怕自杀的念头只是在你的脑子里一闪而过，你都应该马上去寻求支持。找最好的朋友，拨打美国国家预防自杀生命热线,找一个当即就能接待你的心理治疗师,这些都可以。

你可以在网上找到关于自杀及其危险因素和预警信号的信息与资源。例如,如果你已经制订了详尽的自杀计划、提前处理好了私人物品,也有办法来执行这个计划,你感觉很无助,你相信没有你这个世界会更好,那么你现在十分危险,你随时可以寻求帮助。

我们的目的是让你去接受你父亲的选择,从内疚中释怀,了解在他去世时究竟发生了什么,最重要的是——他做出那个选择并不是因为你。你无法缓解他的痛苦,这也不是你的责任。了解这一点很重要。那份痛苦压倒了他,他自己想做出一个选择。他从来都没有想过要让你责怪自己,让你现在经受痛苦,也不想看到你现在如此抑郁,无法享受你现在的美好生活。

抑郁症有很多症状。症状较轻时,你会时不时地感到极度悲伤,短则持续一天,长则一周,之后有所好转;症状严重时,会反复发作,你将日渐憔悴。当然,持续抑郁也会对生活产生重要影响。如双相情感障碍抑郁,这种患者会反复经历从亢奋到抑郁的循环。如果以下症状中，你每天的大部分时间都会出现至少五个症状（包括前两个），并且症状持续至少两周，那么临床医生会诊断你为临床抑郁症患者。

抑郁症的常见症状

- 感到伤心和无助；
- 对以前乐在其中的事情和活动失去兴趣；
- 易怒且经常大发脾气；
- 有睡眠障碍，如失眠或嗜睡；
- 无精打采，最简单的任务都要耗费巨大精力；
- 食欲变化，暴饮暴食或毫无食欲；
- 思维迟钝和/或行动迟缓；
- 注意力不集中，记忆力下降，犹豫不决、难下决定；
- 身体疼痛（例如，头疼和背痛）；
- 频繁想到死亡或自杀。

你要自立自强，自己找帮手，在医疗、情感和经济等方面主动寻求帮助，倾诉你的痛苦。爱你的人很乐意有这个机会来帮你。不用急，慢慢地去寻求改变。你有改变生活的能力，就先从自己的生活着手吧。强迫自己做一些平时享受的事情——即使内心可能会抗拒——这会刺激身体，释放身体所需要的快乐神经递质。演奏以前喜欢的乐器，去森林里散个步，建立一个"快乐文件夹"，存放你为之自豪的信、照片和电子邮件。回顾那些对你来说有意义并能激励你的事情，即使你不想下床。告诉自己：你可以照顾好自己；不行的时候就去找别人帮帮忙。

入狱

"当一位父/母亲入狱时，他们并非一人，而是把孩子也带去了。"这是由儿童正义联盟（the Children's Justice Alliance）制作的一个视频的精彩开篇语。该视频讲述了一旦父/母亲入狱，孩子的需要会受何影响。在美国，超过170万名儿童有着一位入狱的父/母亲。如果父亲是因为做了坏事而离开家，他可能会让你感到羞耻。没有他的日子已经很艰难，这种羞耻感则会加重你的负担。

可能你从来没有见过父亲，也许他入狱时你还很小，根本没印象。你仅知道他坐牢了，人生中没有他。也许你还在上学的时候，父亲就犯罪入狱了，流言满天飞。虽然你有朋友，但你莫名感觉自己额头上刺着几个大字："我爸爸是个罪犯。"你可能常常担心父亲入狱这件事会成为某次派对上的话题，因为你永远不知道该说什么。你祈祷自己没有遗传他的犯罪基因。

如今你已成年，如果他仍在服刑，你必须想清楚到底要不要去探望他、什么时候去。做这样的决定从来不是易事，你可能会感到困惑、气愤和背叛。你可能问过自己：我的偶像都犯了法，为什么我要遵纪守法呢？你可能开始叛逆，和一群小混混熟络起来，就是为了要变得与众不同，或者更像你眼中的他。很多失父女儿都会经历叛逆期，她们可能会进入商店行窃或者欺负别人，以此来掩饰自己的痛苦。如果你足够聪明，能够躲开这些麻烦，并且还不给别人带来痛苦的话，那么我们为你点赞，因为你远比同龄人强大；但如果有一段时间，你跌跌撞撞、误入歧途，那也没关系，毕竟你已经竭尽所能，一路走到了现在。

可能你的父亲出狱了，改过自新、迎来新生。他可能需要修复与家人的情感联系,我们应相信凡事都有第二次机会。然而,如果父亲出狱之后决定不回家,不与你在一起生活,你的痛苦则会加深。如今你第二次失去他了。你不能再责怪司法系统夺走他,但你可能会怪他没有勇气回到你身边,没有勇气回归正轨。

你每天都在想他会不会回来,你内心的空虚无法向别人说清。你会等着他的电话,在门铃响起的时候,你会期待站在门口的就是他,你不知道自己会拥抱他还是挥拳揍他,两个场景其实你都不敢去想。

香农,34岁,父亲在她10岁时入狱,坐了10年牢。

"记忆里,我们那时的生活还算正常。父亲在当地从政,在我们社区是个大人物。但在我上小学期间情况突然开始变化,父亲在社区的地位一落千丈,每个人都在议论他挪用公款的事情。还没等我真正明白这个情况有多严重,父母就让我和哥哥坐下,一脸严肃地告诉我们,父亲会上法庭。

"流言四起,无论我们走到哪里,人们都会盯着我们小声议论。父亲被判处十到二十年监禁。我只去看过他一两次,最终我鼓起勇气告诉母亲,我再也不想去看他了。我感到很羞愧。当时我在上中学,距离是最好的良药。

"时光流逝,我开始意识到父亲并不是心目中的那个英雄,他也有缺点。而我的缺点也渐渐显露。我整天忙于舞蹈和学校活动,而因为周围混乱嘈杂,我患上了饮食失调症。我想要掌控局面,我以为可以控制饮食。可是等我意识到需要帮助时,体重已经下降到88磅(约40千克)。我下定决心,要振作起来,我要变得更加强大,虽然我的情况很糟糕,但我决心要脱颖而出。

"父亲出狱的时候,我在上大学,之间隔着几个州。他来看我,我们几乎就像两个陌生人。他带我去吃比萨,还让我签了份文件。我以为那是份保险,结果发现他以此盗用了我的身份。不用说,在之后的几年当中,我不但经济上很窘迫,情感上也备受煎熬。这件事至今影响着我。如今,已经成年的我以为这一段往事中的很多事情翻篇了,但实际上并没有,我只是不再提起。我想,这是最好的方式了。父亲回来了,他会打电话,只要我想去见他就能去——我这样告诉自己。但事实是,我仍然经历着那段童年经历带来的痛苦。我的身体有各种毛病,也缺乏安全感,这些都是我多年跳竞技舞蹈落下的。但我已经算得上成功了。去年,我与一家知名连锁品牌签约,担任室内设计师的职位。我结过婚,后来离了,至今还没找到真命天子。我仍然在努力。"

情感缺位

我们的研究结果有一项关于女性的有趣发现——近80%的女性承认,在她们的青春期,父亲要么完全消失,要么在情感上缺席。

也许他一直出门在外,从不回家,又或是整天看体育比赛不出门。可能他不想在情感上与你或任何人建立联系,只想沉浸在能使他开心的事情当中。有些男人会着迷于成功带来的权力和名望,把家庭抛在脑后。有时,他们因工作压力太大而顾不上家庭责任和亲情。多年后,当意识到在自己和女儿之间所发生的事情之后,他们常常又会觉得局面已经无法挽回。他们太害怕,不敢尝试。这时,缺席的父亲就只是如游离的幽灵一般——即便他就在你身边,也没有真的与你在一起。

对你来说，这可能会成为一个极其沉重的负担，因为你的童年可能会被他人严重误解。可能他们在全家福里看到了你的父亲；可能他过去很成功，谈吐幽默风趣，但他从没有坐下来与你来一场真正的父女之间的对话，从未欣赏过你练习芭蕾，也从未在你生病的时候哄你睡觉。你不会与那些觉得你爸爸很好的人说起这些细节，所以你兜兜转转，最后发现没有人知道你真实生活的样子。你觉得自己被误解了，你很孤独，有种难以名状的巨大空虚。即使生日当天父亲送你再贵重的礼物也于事无补。你学会了强装微笑来掩饰自己，但你真正想说的是："谢谢您，爸爸，但我真正需要的是您的陪伴、您的臂膀、您的智慧。"父亲的情感缺位，就是他们在无意中将女儿毫无防备地推向那些关心她的人，无论他们是好还是坏。

41岁的安娜还记得自己猛然醒悟，意识到自己缺少父爱时的情形。

"几个月前我参加了一个研讨会，会议进行了大约一小时后，两名女士突然开始讲起她们的生活如何因遭遇霸凌而天翻地覆。我的大脑开始飞速旋转。不仅是因为我曾经被霸凌过，还因为情感上冷落我的父亲只是告诉我'要坚强一点'，而我的母亲要么矢口否认，要么失控痛哭。准确地说，从这个层面来看，从父母那里我没有得到过任何情感上的保护。

"而在41岁的今天，我意识到：我不仅有一个情感缺席的爸爸，还有一个这样的妈妈。基本上，从13岁开始，当其他人都开始建立自尊、形成自己独立人格的时候，我却因被霸凌没能度过一个正常的青少年时期，之后被送去寄宿学校，只能得到同龄人的照顾；20多岁的时候，我婚后经常被虐待。直到20年后的今天，我才感觉松了一口气，现任丈夫给予我无条件的爱与支持，我成为那个本应成为的自己。"

也许安娜的父亲想要与她更亲近，但不知该如何去做。也许是因为当时她看起来很好，他也就相信女儿真的没事。我们对很多不知如何去拉近与女儿关系的男性进行了采访。其中，72岁的保罗表示，他不配也不敢去与女儿帕蒂谈论过去。在帕蒂成年后的大部分时间里，他们的联系仅仅是日常寒暄，但现在女儿已经40岁了，他能感觉到女儿想要更多的答案。上次见面时，因为保罗不想详述与妻子的过往种种，帕蒂很失望。保罗无法理解为什么现在女儿想要知道这么多细节。他说："我觉得过去的事情就应该让它过去。我不觉得翻出那些陈年旧事能帮助我们改善当下的关系。"他们父女俩仍然得在一些需要坦白的事情上达成共识。虽然这个过程会很难受，但最终能够平和地打破缄默，建立真正的情感联系，会有难以置信的治愈效果。关键在于，他们要在不产生冲突的前提下找到一种坦诚、安全的交流方式，来推动父女之间相互理解。

　　大多数失父女儿会发现，父亲只是在内心深处感到害怕——害怕被评判、被拒绝或丢脸。同样，当得知女儿从心底里想要跟自己拉近距离，并得到自己的爱时，他们会很惊讶，但与此同时，有一些真相会阻止他们去建立信任。其实，只要用爱去面对这些真相，父女二人的关系就能够更近一层。

　　虽然我们一直希望去直面父亲、与父亲交流、直面过去，但实际去做时这一过程非常复杂。即使他曾经的决定只是他自己的选择，与他人无关，但是你的心中还是会有挥之不去的怨恨、不解和悲伤。女儿会明白，自己并不需要为父亲的错误埋单,但同时她可能也会怨恨父亲没有为了她去付出更多。如果能够把这些情绪释放出来,当面表达也好、写信也好,都是很好的宣泄方式。如此一来,女儿心中可能淤积了几十年的"毒素"便能够排出。这就是你的治愈时刻,它会决定你心中种种情绪的去留。

我们鼓励你去释放因父亲的决定而产生的内疚感。他是父亲,你是女儿,搞清楚如何与你建立(或重建)感情联系是他的责任。请丢掉自责的情绪,要明白你现在是成年人了,情况不一样了。你需要专注于建立自尊,抹去过去否定你自我价值的负面信息,并提醒自己,你是无价的。无论父亲愿不愿意或能不能倾听你,你都能完成自我重塑。

成瘾

无论是毒瘾、酒瘾还是赌瘾,"瘾"总会把亲人从我们身边夺走,即使他们就在我们面前。他们可能表面在家里进进出出,但脑子里想的全是那些让他们上瘾的东西。看着父亲被成瘾问题蚕食是很痛苦的，不仅是因为他在经历痛苦，还因为你们之间的关系也遭到了破坏。

成瘾的范围很广，家庭要付出长久且沉重的代价。如果你在家中目睹的那些事情对你造成了精神创伤，那么我们希望你去寻求专业的帮助以获得治愈。因为创伤是真实存在的，它会影响你的生活，让你心神不宁。我们的应对机制都是从父母那里学来的，所以如果你走上了父亲的老路，那么请把这本书当作你的跳板，争取脱胎换骨。你的人生不应只是在重蹈覆辙或扮演受害者的角色。有了合适的帮助，你就可以扭转局面。

如果父亲有成瘾问题，你很有可能感觉到他在无声地对你说："虽然我做的事情毁了我的生活，还破坏了我本来和谐的家庭，但我不在乎。我可能会说自己会戒瘾，但除非我真的想戒，否则根本不可能。所以，对于我而言，重要的就是酒、毒品、赌博或者女人，你可没有这些重要。"

一个成瘾的人和一个正常人的思考方式是不一样的。想跟他讲道理或者在情感理智层面使他明白是不可能的。理性思考对于他来说几乎是不可能的，他需要帮助，但你帮不了他。

有成瘾问题的父亲缺席的方式其实和情感缺位的父亲是一样的，但面对一个与毒瘾、酒瘾或赌瘾做斗争的父亲，你还需要明白另一层事实。因为工作而不着家的父亲是可以被社会所接受的，但总泡在酒吧里的父亲就完全不一样了。你不得不去学习一套应对机制，去掩饰、撒谎，你会感到羞耻，甚至可能看到家庭暴力。你可能处于一种共同依赖的行为模式中，这意味着你可以支持或辅助父亲的行为，允许他依赖你而毫无代价。你可能在好几年的时间里都在保护他，使他不遭受痛苦或惩罚，因为你觉得这是爱的表现。要更好地理解自己的特定处境，可以读一读珍妮特·格林格·沃特兹（Janet Geringer Woititz）的《酗酒的成年儿童》（*Adult Children of Alcoholics*）。找一个支持网络，找一个使你感到无忧的场合讲述你的故事。在协助处理这些问题时，支持网络非常有用，因为他们会给你归属感，让你找到知己，不再感到孤单。

25岁的特瑞莎告诉我们，朋友推荐她去了解一下互助无名会(Co-Dependents Anonymous)。之前多次聊天中，特瑞莎多次谈到自己被男友(与她父亲一样)的成瘾问题弄得很崩溃，觉得自己需要去帮助他。特瑞莎从一段尴尬的自我介绍开始："大家好，我是特瑞莎，我是一名共同依赖症患者(关系成瘾患者)。"之后，她靠在椅子上，倾听周围的陌生人讲述。不到十分钟，从别人的故事中她听到了相同的经历，一次次感到内疚，感觉背叛，对爱充满困惑。突然，她感觉整个灵魂都轻松了，她发觉不用自己讲述就能融入并且被理解。当时所有的参会者都知道了这一点，他们有同样的经历。加入这个大家庭真的是她人生中最棒的决定了。她朋友是对的。如果你觉得互助无名会不适合自己，那么你可以试试酗酒者亲友互助联盟会(Al-Anon)、成瘾者亲友互助联盟会(Nar-Anon)或社区里类似的组织。

你需要更多帮助来了解什么才是健康心态，了解父亲的成瘾问题是如何影响你的生活、应对机制以及恋爱关系，会是一次很有效的治愈过程。同样，我们希望你在选择伴侣时能够有更敏锐的观察力。被一个与父亲一样有成瘾问题的男性所吸引，其实是很常见的，你知道该如何处理这种特殊关系。但是，你可以不用这样选择。

小时候就目睹成瘾毁掉父亲的生活，这一段经历很可怕。看着一个人的状态慢慢恶化，你不仅感到困惑，还会感觉生活并不稳定，因此你会认为不能相信他人，不敢去期待。你会很不安，不知道下一秒推门进来的是哪个父亲：清醒状态下的，还是喝醉/吸毒后极度兴奋的，还是因为没拿到毒品而极度暴躁的？如果成长过程中目睹了一系列冲突的人格，那么你就会学着小心谨慎、高度警觉地生活，随时都在察言观色。

34岁的丹尼丝告诉我们，在父亲开始吸毒后，她每晚都会感受到未知的恐惧。她讲述了很多次这种情况。

"父亲说话开始含糊，最后走路都跌跌撞撞。我很害怕，他变得和以前完全不一样，我不知道接下来还会发生什么事。最后父母离婚了，对母亲而言这是好事，但我知道父亲的日子就不好过了。

"有一次爸爸来接我们，明显能看出来他很'兴奋'。我心头一沉，保持高度警觉。妹妹装作好像一切如常，我这才和她上了车，希望她是对的。一路上他好几次都撞到了路沿，但他没停车，而是继续慢慢开。终于到他家了，他径直走了进去，开始卷药品。我一把抓住妹妹，赶紧带她出去，不让她看到他在干什么。但当我们转身想进去的时候，门却锁上了。他把我们锁在外面，然后昏了过去。我含着眼泪用力砸门，大喊：'爸爸，让我进去！'我和妹妹坐在台阶上，感觉被遗弃了。不得已，最后我们敲开了邻居的门向她求助。邻居让我们在她家的沙发上睡了一晚。爸爸完全不记得有这回事儿。"

通常，父亲开始犯瘾时，孩子会介于认识和不认识父亲的状态。至少可以说，这种持续的不安和恐惧会给孩子造成严重的后果。

不过，随着女儿渐渐成熟，她可以化恐惧为力量，思想上、身体上和精神上得到支持和疗愈后，就可以找到克服恐惧的方法，变得更加强大。她会明白，自己不得不快速长大。她缺失了宝贵的童年时光，小小年纪她就学会了察言观色。她能够快速果断做出决定，敏锐观察周围事物，防止自己成瘾，做好自我保护。利用这一点，她可以有所作为。也许她可以去组织领导一个支持小组，去帮助那些有着相同经历的孩子，分享经验教训，让她们从中汲取力量。

施虐

如果你被曾经你认为可以保护你的男人虐待，这无疑是巨大的悲哀。我们不会详细谈论这一情况，我们认为这需要特殊的关怀，不在本书讨论之列。虐待有很多种形式，每一种形式都会在身体、情绪和心理上造成不同的后果。我们强烈推荐有过这种遭遇的读者去寻找额外且专业的帮助，从而得以治愈。创伤和虐待研究领域的权威专家朱迪思·赫尔曼（Judith Herman）写过一本广受好评的书——《创伤与复原》（*Trauma and Recovery*）。赫尔曼在书中谈道："很多受虐待的孩子会一直希望长大后就能逃离魔爪，获得自由，但实际上她仍然被童年的不幸所禁锢着；当她尝试重新开始自己的生活时，创伤又与她迎面相遇。"

在被他人强行控制的环境下长大的人，很难适应成年生活。她们的性格在基本信任、独立自主和积极性方面存在根本问题。步入成年后,她们需要早早学会独立,去建立亲密关系,但与此同时面临着重重阻碍——她们的自理、认知、记忆、自我认同、建立稳定关系的能力已深受伤害。

如果你是儿童虐待的幸存者,你需要特别注意过去的经历,建立应对机制,寻找未来的自由。你的经历需要认同,你的心理需要治愈,你的身体需要重获力量。失父经历肯定涉及多个层面,而有些人可以真正理解你,与你感同身受,向他们求助是很关键的一步。美国国家儿童虐待成人幸存者协会(the National Association of Adult Survivors of Child Abuse, NAASCA)就是一个为童年曾遭受虐待的成年人提供专门帮助的组织。

来自"替身"的礼物

有时,父亲去世或离开留下的空白会被另一个"父亲"填补。虽然没人能真正代替父亲,但我们听到了很多关于"替身"的美好故事,养父、伯伯(或舅舅、姨父、姑父)、哥哥或家人的朋友,他们成为女孩生命中重要的榜样。

这个男人的出现会改变一切，他会教女孩如何建立健康、紧密的两性关系。被生父抛弃的女孩往往难以接受"替身"父亲和他的爱。很多女孩不敢让别的男人进入自己的生活，害怕受伤，害怕被拒绝。她们不想再冒失去的风险。这时需要一个特别的人去拥抱破碎的她，给她爱，让她度过痛苦，带她走向美好。

丹娜讲述起自己的另一位父亲时，满是自豪。

"我很小的时候父母就离婚了，我根本不记得他们曾是夫妻。周末和圣诞节我偶尔能见到爸爸，我们假装一家人，去爷爷奶奶家。多少次我告诉自己，我有多么想让他走进我的生活。我总以为以后共处的时间会更多，但事实却并非如此。我清楚地记得，在父亲的葬礼上，我站在叔叔身边，他俯下身来，双手捧着我的脸，强忍泪水，说道：'亲爱的，无论你何时需要我，我都会随时来到你身边。我非常爱你。'我坚强地站着。他爱我，我确定，但我知道他还要照顾自己的家庭。我需要的会很多。而且，他住在明尼苏达州，而我们当时还住在查尔斯顿。

"时光流逝，我逐渐长大，我们只通过写明信片和偶尔互通电话联系。将痛苦压抑了多年以后，我开始接受治疗。当我足够强大的时候，我马上去看望他。我们一起坐在他家的棕色皮革沙发上，他把手放在我手上。我感觉自己又成了一个13岁的小姑娘。因为感受到爱，我激动得全身战栗，失去父亲造成的伤痛立刻得到抚平。我的大脑急速运转，不知所措。在此之前，我从没有坐着跟一个男人手牵手。我不知道该拉着他的手多久才不会感觉很怪，数到10或20吗？回顾那一天，我真的为自己的悲伤感到遗憾，我太渴望拥有一位父亲了。现在我终于明白我浪费了太多时间，我早就该联系叔叔了，我应该直抒胸臆。他一直都在。我的叔叔比尔经常对我说我有多漂亮有多聪明。他一直为我加油鼓劲，并且每周都告诉我他是多么为我骄傲，大家多么爱我。在我的婚礼上，我挽着他走向新郎，他治愈了我的脆弱。不管怎么看，他都是……我的父亲。无论是过去还是现在，对我来说，他都是完美的'替身'父亲。回顾过往，我其实有过好几位'替身'父亲。我的叔叔阿尔伯特一直在学习上鼓励我，当我取得好成绩的时候他会给我奖励。我哥哥允许我当他的小尾巴，会亲自演示男孩子能够做的所有事情，有时做得比其他男孩子都要好。我的爷爷教我要追求卓越，严格要求自己。我对他们每一位都心怀感激。"

不是每个女孩都能拥有一位作为"替身"爸爸的叔叔或哥哥，但只要我们敞开心扉，就都可以找到人生导师。总有人足够爱我们，愿意陪伴我们。也许给予你支持的并不是男人，而是你生命中那些强大的女人。可能是一位教授、一名篮球教练或者一个老板，她们可以成为你的老师，为你加油鼓劲。不要害怕，大胆地去请求别人的陪伴和帮助——生活中该来的人终究还是会来。成长过程中，你要成为自己的拥趸，保持自信，从自信中找到力量。

除此之外，还有一种强有力的方式能将失去父亲这一经历变得有意义，那就是成为别人的导师，随时给他人提供帮助。去帮助能从你的力量中受益的人，双方都会因此获赠无价的礼物。要改变处境，就先改变自己。可以在社区或附近的高中做一名志愿者，为十几岁的女孩提供指导。我们成立了一个非营利性导师项目，鼓励失去父亲女儿去帮助更年轻的、有着同样失父经历的女性。发现哪里有需要，就投身进去吧。

建立支持体系大有裨益

这一章涵盖了部分你不愿提及的话题，但我们还是希望你能够更好地理解父亲的离去是如何改变你面对痛苦的方式的。尽管每一个失父女儿的故事都不同，但总是有相似之处，所以你不是孤身一人。我们鼓励大家去认识更多和自己一样的失父女儿，并在这个集体中找到归属感，从而消除愧疚、羞耻和自我怀疑——这种感受往往源于你不理解失去父亲之后自己的种种反应。你当时已经做到最好，现在也一样。你需要深呼吸！一旦理解了自己，你就有了力量；而有了力量，就有了自信、毅力和能力做到曾经你认为不可能的事情。

这里最需要强调的是，维持自己的支持体系是关键。主动一点，去找心理医生或人生导师，他们可以帮助你变得更强大。找一位好的心理咨询师，是你人生中最值得的一笔投资。

一些受访失父女儿表示不知道要去寻求什么样的专业人士来帮助自己，以下是我们的指导和建议。

如果你确实想要审视精神自我或者情感自我，理解你的生活模式和困境的话，那么一位很擅长解决你这方面困扰的执业治疗师或心理咨询师就是理想的求助人选。这位专业人士可以帮助你理顺那些你不敢独自面对的事情。可能你觉得在生活中有一些问题需要去认清或者修正，同时你想知道是什么问题，以及怎么解决。心理学家（文学博士、心理学博士）接受过测试和诊断专业培训，能够成为你治愈之路上的知心朋友。如果你有一些困扰已久的问题，需要药物治疗或者医疗监护才能稳定情绪，那么你需要将一位心理医生（医学博士）纳入自己的支持体系中，因为这位专业人士擅长的就是检查、诊断和开处方，从而让你保持更加稳定、充满活力的状态。

或许你真的很想紧盯目标，排除那些让你无法按照自己意志去生活的阻碍。丹娜就曾是很多人治愈之路上的朋友兼人生导师，这几年的经历使她受益匪浅："有一点总会让我感到惊讶，有那么多人，每当他们想要从生活中有所获的时候，却总会被自己困住。我能感同身受，也意识到问题所在，这一段艰难的日子我之前也经历过。"这常常需要另一个人来给你提供新的思考角度，将你拉出舒适区，发现你真实的潜能。你所需要的就是上述专业人士，他们可以让你重整旗鼓，活得更乐观、更充实。如果你发现自己总是自我反省、精神不安、无法入睡，就去寻求专业帮助吧。

虽然通过家人、朋友和专家建立基础支持体系很重要，但学会独处也同样重要。早上起来给自己打打气，就能让一整天都不一样。凝神静思，全身心地参与，注意力保持集中。要放松嘴巴和额头，注意调整呼吸，试试刻意地去吸气和呼气，身心一致，这样就能放慢心率，无论周遭环境如何，你都能平复下来。

当你遇上堵车,可以试试把收音机关掉,放松地坐着,然后深呼吸,感恩生活中的美好。每个瞬间、每个人、每个决定都会让你在生活中变得更强大、更轻松、更健康。

---

1 通用磨坊(General Mills)旗下品牌贝蒂·克洛克(Betty Crocker)推出的一种速食食品。
2 美国在线杂志,也有同名网站,面向女同性恋、双性恋等人群。
3 美国联邦证人保护项目是由美国司法部管理、美国法警局具体执行的证人保护计划,在审判之前、期间或之后为受威胁的证人提供保护。
4 埃尔维斯·亚伦·普雷斯利(Elvis Aaron Presley,1935年1月8日—1977年8月16日),美国摇滚乐歌手、音乐家和电影演员,被视为20世纪中最重要的文化标志性人物之一。

第三章

何时失去父亲

尽管她已不再年轻,但对父亲的思念仍时常萦绕心头。

——格洛丽亚·内勒(Gloria Naylor)

不同年龄和阶段的失父女儿显然要面对不同的情感、生理和心理挑战。虽然她们都会伤心、恐惧、情绪不稳,但是失去父亲时她们的年纪以及家人的处理方式都会进一步影响她们的面对方式。

父亲的指导会长期内化为女儿的处世方式,使她受益。如果有父母的支持,女儿就能为未来做更充分的准备,因为她受益于父母不同的视角,使得她能更平衡地看待生活。研究表明,相比父亲角色缺位的情况,有父亲的介入和参与,女孩的社交能力和自尊心会明显更强。

如果父亲的指导和他本人都缺位,女儿会觉得脚下的一块关键基石被抽掉了。随着时间的推移,父亲的缺位会干扰她的成长。情感上女儿可能会停留在失去父亲时的年龄,不知道如何释怀。你要明白,无论你当时多大,失去父亲的影响都不可控;无论当时你的反应如何,此事如何深刻影响你的行为举止和身心状态,这都不是你的错。你可能会想知道,所有失父女儿类型当中自己属于哪一种,别人失去父亲的年纪和自己失去父亲的年纪差不多这种情况是否普遍。当我们问这些失父女儿多大年纪失去了父亲时,我们发现:

- 9%，出生时便没有父亲；
- 33%，0—5岁失去父亲；
- 18%，6—10岁失去父亲；
- 15%，11—15岁失去父亲；
- 8%，16—20岁失去父亲；
- 8%，21—30岁失去父亲；
- 9%，30岁后失去父亲。

我们每一个人失去父亲的经历都是独一无二的，但是失去父亲时的年龄不同，其影响也不一样，而且这也是帮助你理解是什么造就了今天的你的关键因素。

失父女儿可能喜欢去家庭美满和睦的朋友家，因为在那里她可以感受到安全与温暖。她可能很想去了解朋友的父亲，可是她会感到尴尬，因为她还没来得及学会怎么和自己的父亲相处。

孩子基于自己的家庭经历来形成自己关于世界的观念体系，尤其是青少年时期，他们视自己的日常所见所闻为生活常态。即便一个女孩接触了其他家庭，她可能也不完全明白自己家里缺失了什么，要等到她真正长大，用一种新的视角去回头看时，才会幡然醒悟。这就是我们所说的失去父亲的"蛰伏"现象。你可能真心觉得已经在多年前就消除了自己的痛苦，结果不久后这些痛苦却以焦虑、不信任、恐惧、愤怒或者心理障碍的方式重新浮现。

过去会对现在产生影响。例如，拉特莉西娅谈到自己意识到失去父亲对母亲、妹妹、自己的影响："爸爸是个酒鬼，父母在我8岁的时候就离婚了；我18岁的时候，他得肝硬化去世了，不过在我心里，他早就去世了，所以他的去世更像是画上了一个句号。跟别人说起爸爸会让我很尴尬，比如在大学里和新朋友聊天时，我不想跟他们说我爸是个只会喝酒的废物。妈妈把我和妹妹养育得很好，她也是一个失父女儿，外公在她4岁时就去世了。如今，我有一个很好的丈夫，虽然他也喜欢喝酒，但已经21年没喝得烂醉了。妈妈和妹妹也都嫁给了酒鬼，妈妈没离婚，妹妹离了。"

过去对现在的影响在很多失父女儿身上都很相似。你要学会和失去父亲这件事共存。通常，在你的学习年代，父亲扮演着至关重要的角色。女儿们本应从父亲身上学会建立自尊，明白什么才是安全的异性关注和保护。研究一再表明，和那些与父亲有紧密联系的女孩相比，尤其是在青少年阶段与父亲有很少甚至没有联系的女孩，日后和男性建立长久稳定的关系时会面临更大的困难。

在不同年龄和阶段失去父亲

在不同的年龄和阶段失去父亲会对你的成长、社交、情绪和身心健康产生不同的影响。理解失去父亲时你处在人生发展的何种阶段，对于你洞察过去和现在的行为以及未来的精力分配有重要的意义。

婴儿时期：0—2岁

你对自己母亲怀孕期间的事情了解多少？她那时情绪状态如何？她的身心健康怎么样？她是否对这类话题避而不谈？胎儿在子宫里不仅汲取营养，母亲的压力激素水平对胎儿的各个系统也会产生影响。如果丈夫孕期不在身边或者没有履行好职责，如突然死亡、家暴、缺钱或者对妻子缺少支持，妻子会产生压力，就会导致胎儿在子宫里长期处于压力激素的影响之下。印度裔医学专家迪帕克·乔普拉 (Deepak Chopra) 在《生命神奇的开始》(*Magical Beginnings, Enchanted Lives*) 一书中就讨论了焦虑如何从母亲这里传递给子宫中的胎儿，压力和恐惧可以通过母亲的血液系统和整个胎盘传递给未出生的胎儿。

对于婴儿而言，如果家不是一个充满安全感的地方，那么她们体内的压力激素水平就会进一步升高。如果父亲死亡、不在身边、经常家暴、成瘾或者入狱，那么所处生活环境以及母亲所能给予的呵护程度都会影响女儿敏感的身体和其健康状况。对于婴儿来说，除了空气、食物和住所以外，最主要的需求就是安全感。只有当婴儿感受到安全、呵护和爱时，她才能实现身体、认知和情感的健康发展。

如果父母在婴儿身边，并且能够轻松持续地给予关爱，那么在婴儿的眼中，这个世界值得信赖、十分安全，让人快乐；如果父母无法提供关爱和安全感，那么婴儿就会有不信任感、不安全感和恐惧感。随着她慢慢长大，这些感觉就会表现为情绪不稳定、容易猜忌、性格孤僻、缺乏自信。

可能有些人很幸运，即便没有父亲，母亲也为你提供了安全、稳定、充满爱的环境。如果其他亲人也来关爱你、养育你,指引你的早期成长,那么你真的很幸运。但是,尽管母亲在满足需求上已经做得很好了,父亲的角色缺位仍是事实,毕竟有些该父亲扮演的角色母亲无法替代。

失去父亲会让人困惑,尤其是对孩子来说。你可能会问:我都不记得父亲,失去他怎么会对我产生这么大的影响呢?即便没见过父亲,你还是遭受了巨大损失,跟这种损失相关的感受真实存在。可以找个时间专门来纪念你的损失,去问一问关于他的问题,了解他是什么样的人,从而对他有更清晰的认识。你像他吗?哪里长得随他?问问母亲,他对于有个女儿是什么感受。你可以现在去了解父亲,就当是给自己的一份礼物。了解父亲也能帮你更好地了解自己。去问些问题,做一下研究,打开成箱的照片,敞开心扉去弄清楚他是什么样的人。如果他在母亲和其他亲人完全了解他之前就离开了,同时这仿佛是你生命中遗失的一块重要拼图,那么你可以像丹娜那样做:有很多专家和网站可以帮你做祖先调查[1],让你了解父亲的过往。

幼儿时期：2—4岁

蹒跚学步的阶段，小女孩会学习自我管理和自我控制，她们都是独一无二的小人儿。她们每一天都在探索周遭的事物，学着自己的事情自己做。儿童发展研究表明，女孩会比男孩更积极地观察、倾听、诠释和模仿。她们会在父母的行为中发现蛛丝马迹，来判断什么是好的、什么是坏的，并以此为依据判断自己的好奇心是否合适。她们会通过得到的反馈明白什么是荣辱。父亲赞许的缺位给她们的人生留下了亏空。母亲尝试各种各样的方法去代替父亲鼓励女儿，但是父亲的支持和鼓励意义特殊，无法完全被取代。

在这一阶段，她们慢慢开口说话了。她们的语言表达能力常常发展得比男孩快。如果有足够的指导，她们的沟通技能会成为表达自我、解决问题和维系关系的关键。失父女儿很可能无法和有父亲的女儿一样很快地学会与异性沟通。而如果母亲情绪崩溃或生活在冲突之中，则可能无法和女儿进行重要的母女互动。身处于这种环境当中，毫不奇怪这个年龄段的女孩有着与男孩不一样的情感和社会纽带。她们更能理解他人的眼神、声音、表情,并从中解读出情绪。即便这么小,她们也已经能弄清楚世界及与她们相关的人际关系。如果感觉到了冲突,女孩可能会对爸爸说:"对妈妈好点。"如果她们和他人及外界的联系遭遇到失去父亲这一悲痛欲绝的变故,她们所能看到、听到和感受到的会远超父母的想象,失去父亲会深深烙进她们的记忆中。这些相互交织的事物最终会影响女孩的情感和社会人格的形成。

女孩生来就相信父母会呵护自己,教自己学习、娱乐和玩耍。当她们有了一些不寻常的经历,她们的身体会随着环境做出反应。失去父亲的焦虑会影响她们的生理健康。已有研究发现,在蹒跚学步之年,长期焦虑会对孩子的生活造成明显的影响。根据哈佛大学儿童发展中心(The Harvard's Child Bereavement Study)的研究:"身体的应激系统如果长期处于过度激活状态,会阻碍孩子的健康发展,进而对孩子的习得、行为和健康产生持续一生的有害影响。"失父家庭如果弥漫着各种压力因素,如不稳定、失能、缺钱或者对女儿缺少支持,会对女儿造成长期不良影响。

哈佛大学的研究人员还发现,如果孩子长期处于高压和逆境当中，如长期被忽视、缺钱、身心创伤、暴力以及监护人患有精神疾病或滥用毒品，孩子的身体可能会形成有害的压力应对机制。如果这种应对机制长期存在，那么体内各个器官和系统的健康状况也会受损。随着年龄的增长，女孩患上压力相关的疾病和认知缺陷的风险也会因此增加。

幼年丧父可能会导致你一紧张就反胃，或者免疫系统脆弱。18岁的泰勒回忆称，每次母亲送她去日托班时她就会反胃："我害怕她把我扔在那里就再也不回来了，就像我爸爸那样。"

女孩需要交流才能理解世界，如果孩童时期没有一个可以跟你交流的人，那就从现在开始，找一位你信赖的人说出这段经历，从而更清楚地了解这段经历。

学龄早期：5—7岁

刚开始上学的时候，女孩需要找到学习方向和动力。她们不再是小孩子了，她们开始学习掌控环境并感受独立——这在很大程度上基于他人的认可。如果女孩感觉自己做得还不够好，那么自信心就会受到打击，也会因为没有达到别人(尤其是父母)的期望而感到愧疚。

在这个年龄段,父亲对女孩的情绪和认知发展极为重要。如果父亲脱离了女孩的生活或者离开了家,她就会想:是不是自己犯了错导致爸爸妈妈要离婚?是不是因为自己做错了爸爸才不来看自己?这些内在感受会导致女孩行为退化,如尿床、大哭、啃指甲、缠头发、拽头发,或因为生气和难过而故意不听话。如果你在儿时有过这样的应激行为,你可能缺少有效的应对机制,上述那些行为就是你自我安慰的方式。

与蹒跚学步之年失去父亲不同,这个时候的你,已经能够明白生活中失去了什么 —— 无论是积极的还是消极的。或许父母分开的时候他们起了冲突,你仍能回想起当时自己的恐惧或者被迫选边站时的纠结。如果父亲去世了,你可能会有很多没来得及去问或者不敢问的问题,你仍带着许多困惑,希望通过观察身边的人来理解这些事情。或许照顾你的母亲让你感觉自己被需要,感觉跟母亲特别亲近,但照顾母亲对这个年龄的你来说还是要求太高了。如果你有兄弟姐妹,你们之间的关系也会有变化。无论发生什么,你都在试着变得更成熟。

而你在家里扮演的角色，包括对于父亲而言的角色，也随之永远地变化了。大多数女孩子都希望父母健康开心、百年好合，如果没法实现，她们就会有一种不稳定的感觉。

在这么小的时候失去父亲也会影响女孩日后的性成熟和性行为。研究表明，学龄早期失去父亲、生活在压力之中的女孩更有可能出现青春期发育提前、性早熟，以及在成年之后感情生活不稳定的状况。这些女孩会目睹重回单身或者变成寡妇的母亲重新开始约会，可能还会带陌生男人回家。这让她们不仅会感受到不稳定，同时还会试图去博得男性的好感或者关注，因为她们看到母亲就是那样做的。她们如果感觉母亲依赖男人，也可能会产生逆反心理，在潜意识中告诉自己：不需要男人也能过得幸福。

小女孩不仅在观察和成长，开始发现自己的志向，同时也在鼓起勇气去尝试新鲜事物。在这期间，父亲会积极发挥作用，与女儿玩耍，鼓励她们变得坚强和勇敢。如果父亲不在女孩的身边培养她们的探索和发现能力，那么女孩与生俱来的勇气可能会被抑制。她们在看到身边的父女享受亲子时光时,就会感觉到自己被遗弃了,也许她们也说不上这是种什么感觉,这些感受经常通过眼泪、噩梦或者身体不适表现出来,但她们知道,没有父亲,自己的生活少了那么点东西。

这个年龄段的女孩经常进行抽象思维,充满想象力,经常思绪纷飞。遗憾的是,她们也发现世界会变得很可怕,而且人不会一直活着。正因如此,失父女儿在不断变得成熟的路上,或许会想象自己被母亲、兄弟姐妹抛弃,这种恐惧会一直存在于她们的内心。来自母亲、祖辈或者其他监护人的支持很重要,能为她们茁壮成长提供一个安全的避风港。同时,女孩也需要被聆听、得到保证以及让心情得到平复,无论母亲正在经历什么。你的悲伤是否被铭记?是否花费了足够的时间来释怀?有没有被给予机会来表达自己,抑或是你想压制这些情感?你应对失去父亲的方式会丰富你日后遇事的应对方式,这也是学习如何面对逆境的时候。

5—7岁的女孩明白家门外头有着更精彩的生活,开始受到学校和社区的影响,和老师、邻居、同龄人之间的互动某种程度上塑造了她们。上小学的时候父亲缺位可能会对女孩的精力和学习成绩产生消极影响。

在这个阶段父亲离家的孩子常常会在表达、社交和感知力上落后于同龄儿童，尤其是父亲主动离开的情况。随着自信心和情绪稳定性下降，成绩往往也会下滑。如果你此时学业退步了，你需要明白家里发生的事情导致你在学校不得不比别人承受更多，这不是因为你不够聪明，而是因为你承受太多，希望这一点可以治愈你内心的伤痕。你可能不得不告诉别人你没有父亲，如果你需要解释为什么课堂上制作父亲节贺卡的时候你不参与，这可能会很尴尬，很难堪。

回想童年的经历和需求，回忆过去自己是被重视还是被忽视，都是你治愈之路的重要部分。既然你已经长大成人了，那么你可以去检视一些旧伤，并且做一些能促进治愈的事。参加集体治疗、记日记、写信或者私人心理咨询都能很好地帮助你正确认识那段回忆。你要记住，你最需要的是安全感，你要知道自己的存在是有价值的，但如果在这个年龄段缺少这种感受，现在弥补还为时不晚，毕竟你现在是自己人生的决策者。你可以回到过去，拥抱那个小女孩，告诉她她是安全的，你会让人生回到正轨。她没有做错什么,而现在她也会得到当初应有的照料。

童年:8—12岁

在儿童中期,女孩开始将自己视作愈发独立的个体。通常她们会更渴望独立,更想和朋友们待在一起。这个年龄段的女孩建立自信至关重要,有助于她们在这一过渡期健康成长。此时的她们想要显得自己聪明、能干、值得关爱,对于自己的不足和不同则非常敏感。同龄人的眼光和自己的受欢迎程度是她去社交和融入群体的动力源泉;与此同时,她仍需要依赖家庭以获得稳定感。

待在朋友家的时间久了,女孩会将朋友家与自己家进行比较。或许她意识到自己的父亲是个酒鬼或总是在外不着家,而别人一直都有父亲在家陪伴。或许父亲在她去夏令营或者旅行期间搬走了,她很快明白会有一个继母,抑或是父亲意外去世了……一瞬间,世界从此改变,她突然就变得和同龄人不一样了。自己该去找谁呢?接下来会发生什么呢?自己属于哪里?她独自一人没法去弄明白这么多问题。

如果失去父亲后家里冲突不断，她依赖着的来自家庭的稳定感也会随之消失。她可能要搬家，长期跟亲戚一起住，或者转学，所有这些都意味着她完全脱离原来的社交圈——她个人身份认知的核心。她在家里的角色可能也很快就会发生变化，并且要承担起新的责任。她被赋予新的期待。曾经可以和好朋友共度的时光，用来写作业或者运动的时光，现在都得拿来去帮助做家务、搬家、操办丧事、做饭、照顾兄弟姐妹或者妈妈。许多成长过程中被珍视的事情现在可能都得让步，因为这个家需要在没有父亲的情况下继续前行。这个年龄段的女孩会非常以自我为中心，也憎恨一切把注意力从自己身上夺走的事物，会因为自己不得不放弃一些东西而感到愤怒。随着青春期的到来，她们的身体会经历巨大变化，这些女孩充斥着激素带来的各种情绪，急需一个宣泄的出口。

由于思考方式日趋成熟，女孩会更好地理解家里正在发生的事情，但她们依旧还是个孩子，无法应对甚至无法察觉到自己正在经历的各种情绪，因此她们会表现得不听话、很孤僻或是故意吸引关注。在内心深处，她们想大喊："我很痛苦！我很害怕！我不知道接下来会发生什么!"而她们的外部举动却表现为通过叛逆、发泄或者完全脱离家人来坚持自我。这个年龄段的孩子原本已经很复杂,女孩的社会支持体系对于帮助她们走出痛苦至关重要。她们理应以一种可以预测的方式进入青春期,有权利去感受,需要同伴去依靠。

这个年龄段,孩子的身份认同常常和所处的社交圈高度绑定,所以如果女孩没有值得信赖的朋友可以倾诉,那么她们只能独自默默忍受痛苦。如果你在这个年龄段经历了丧父或者家庭危机后没有得到足够的支持就回去上学了,那么你可能会遭到排挤甚至霸凌,因为其他同龄的孩子没有办法理解失去父亲带来的痛苦。你身处这种巨大痛苦之中,试图理解这个世界。同时,因为你那时正在适应社交规则,对你来说,失去父亲之后了解什么人可以信任、在公开场合如何表现都相当困难。

对于因父母离婚而失去父亲的孩子而言,与父母的情感联结至关重要。心理学家卡尔·皮克哈特(Carl Pickhardt)说:"(9岁以前的)孩子对离婚有着不同的反应……因为孩子仍然很依赖父母。女孩更容易因家庭破碎和缺乏安全感而伤心焦虑。孩子可能会有一段时间很黏人、不自信或者很难过。"而试过摆脱父母依赖的女儿，则可能会出现愧疚感或者责任感。

悲伤对每个父亲去世的女儿而言都是独特的经历。哈佛大学儿童发展中心的儿童丧亲研究(The Harvard's Child Bereavement Study)表明，很多失父女儿的感受是：悲伤不会在某个特定时间自然而然消失；无论这个世界的其他人是不是在往前看，父亲离世都不是一件你想翻篇就能翻篇的事情。在这个年纪失去父亲，为此挣扎许久完全正常。根据威廉·沃登(William Worden)和菲莉斯·西尔弗曼(Phyllis Silverman)的研究，在父亲离世的很多年里，孩子可能会出现多种社交障碍，包括孤僻、焦虑、缺乏自尊、行为障碍以及情感上的挣扎。

玛戈，25岁，在父亲离世将近12年后，她开始写作。在此之后，玛戈才意识到自身孤僻所带来的影响："写作导师建议我先上语法课，我无地自容。中学时期，有很多基本的语法规则我没能消化吸收，因为当时家里发生的事情分散了太多精力。虽然那门课及格了，但是我那时的心思完全无法放在课堂上，后来想要从事写作时，我缺乏必要的关键技能。这就成了成年后要补上的欠账。"

"在经历你所不能掌控的事情时,你已经尽你所能了,不要再审判自己哪里做得不好或者做得不够好,给自己找一个优雅从容、充满爱的地方。"这是2014年在《奥普拉超级灵魂对话》(Oprah's Super Soul Sunday)的采访中,《美食,祈祷,恋爱》(Eat, Pray, Love)的作者伊丽莎白·吉尔伯特(Elizabeth Gilbert)所说的话,"我从容地告诉自己,你很出色,当时那么做没有错。"

青少年时期:13—19岁

青春期是一个女孩一生中最复杂的时期,因为会面临很多新的困境,因此她比任何时候都更需要父亲的支持。就好像从少儿棒球联赛过渡到青少联赛,面对接踵而来的曲线球,女孩需要一个保护者、指导员以及接球手来帮她。她面临如此多的青春期生理、情感和社交上的挑战,父亲的缺位会让她的生活出现一片巨大的空白。她才刚开始去认识自己,这个时候失去了父亲,她是谁?同学会说什么?没有父亲,她要怎样弄清楚这一切呢?

青春期女孩的身体会发生变化,在朋友当中,无论她是最早还是最晚发育成熟,这个过渡期对她来说都很艰难。她需要父亲的肯定，告诉她现在的她已经很完美了。如果没有父亲的反馈，或者反馈不是积极的、鼓励的，她的自我认知就会深受影响。

从一个青少年成长为一个年轻女性的过程很有意义但也极为复杂。青春期的女孩，身体和情感变化太快，她还来不及完全理解。她开始有性幻想或者性生活，养育她的人本应提供帮助，坦诚地对待这件事。在这几年中，她会试着去真正理解自己是谁，可能还会经历多种身份，比如运动爱好者、社会活动家等。她想融入一个圈子，同时又想做自己。这常常像是在走钢索。即便把父母推开，但实际上她仍很需要父母的支持和引导，让她相信自己。她需要知道父母还在身边，并没有离开。

青春期的女孩也会开始渴望拥有私人空间。一旦开始慢慢脱离父母，通常她得学会如何去树立边界，领会周围人的意图。这些重要的人生课程需要父母去传授示范。父亲是第一个老师，通过与妻子以及与女儿的互动，向她示范如何与异性建立适当的界限；而如果父亲角色缺位，女儿的自信又没有坚实的基础，那么女儿会对如何设定与异性肢体接触时的界限感到茫然无措。

  这个年龄段的女孩不仅是在以一种不同的眼光看待自己，也在用全新的眼光观察和审视父母。如果父亲主动选择离开，她就无法去观察和理解父亲了。她可能会问"爸爸是好人吗？"，或者"是因为妈妈他才离开的吗？"，或者"为什么他不够爱我，选择离开？"。在一个健康而充满支持的环境中，女孩会得到她所需要的肯定，来支撑她度过这段岁月。如果有时间去探索并理解这些情绪，她就更有可能获得清晰明确的身份认同。如果她被遗弃或者失去父亲，导致探索和理解的过程被打断，同时她没有被给予足够的安全空间来让悲伤释怀，很多问题就会出现，包括滥交、酗酒、无论如何都要找一个人作为归属、饮食失调、自残、使用毒品，甚至是产生自杀的想法。失去了父亲，她也失去了一部分自我，尝试着自己一个人治愈会很难。

  格雷琴，31岁，13岁的时候父母离婚，父亲家暴母亲而且长期出轨，从此她失去了父亲。

  "悲伤是我唯一的感觉。我以为每个十几岁的女孩都会在晚上失声痛哭。每当我关上房门，在床上缩成一团，眼泪就止不住地往下掉。我不理解他为什么不够爱我而选择离开，我恨自己，也恨他。我听说了父亲的一些事情，我十分不解，为什么父亲爱别的女人胜过爱我们？这些年，我明白了母亲被父亲那样对待是什么样的感受。我还记得我和弟弟坐在房间里，用录音机记录着母亲的尖叫声，我们想让录音成为证据，可是给谁听呢？我们从来不让任何人听。

"他总是骂我们，打我们，我却仍然非常想当爸爸的宝贝女儿，但我从来都不是。每每想到这些我都会哭。现在回想起来，我当时根本不知道整个青春期都处在抑郁当中。没有人问我最近怎么样，或者哪怕是敲敲房门关心一下。我没有人可以倾诉，感觉很迷茫。母亲让我很生气，因为我觉得她对我不管不顾，所以我得对所有人隐藏自己。我不知道什么是自残，但会用长长的剪刀划自己胳膊内侧，一遍又一遍。这样做会让我得到解脱，我不会划得很深，这样就没有人会怀疑。我想过很多次自我了结，但太害怕了。我现在明白，那时的我是一个自怨自艾的抑郁少女，我长大成人后要为此而伤心。我失去了5年宝贵的青春，没有任何人注意到。我想，当时如果有个人来帮我度过那段难熬的时光就好了。"

通常处在青少年时期的失父女儿会远离家人，或指责家人。她可能会经常摔门、摔东西、尖叫泄愤。她可能会走向封闭，会对自己说"他们做决定没问过我的意见，所以我做决定也不会征求他们的意见"，以此来惩罚父母的离婚决定。她可能急需有人倾听，很容易结交错误的朋友。她的行为可能会发生变化，不再参加课外活动，成绩也大幅下滑，而这些都是萦绕在她心头的这些感觉作祟的结果。

你当时是怎么处理情绪的？现在能看出来其实当时你并没有理解那样做的原因吗？如果你做过一些让现在的你后悔的决定，那么现在翻篇的关键就是同情自己。你那时还未成年，你只是一个想让自己好受一点的少女，所以你找了很多慰藉，你只是在努力挺过那段时间。你今天看自己的方式已经不同了。你变得很坚强，也成长了，你过去已经做到了最好，所以原谅那个少女吧，回到过去和她谈一谈，牵着她安全地来到现在。在治愈之时去寻求一下他人的帮助吧，让自己重获自由，让人生继续前行。

青年时期:20岁以上

成年女性可能普遍会问,我可以拥有一种充满安全感的生活,让我去爱和被爱吗?成年后,如果女儿和父亲保持联系,她会将父亲视作过去生活中的重要部分,同时视父亲为未来生活中的一个很重要的人。父亲是要参与女儿未来生活中每一个重要时刻的,毕业、工作、结婚、生娃以及重大决策等。如果父亲从女儿的生活中消失,会给她带来什么呢?

女儿在20多岁时会对父母有新的认识,与父母的感情也会随之加深。事实上,作为一名年轻女性,她会开始去选择可以信任、依靠、值得学习的朋友。她与所有人的关系都会慢慢加深,变得独立会成为她一生中最具挑战性的事情,因为她不仅身体离开了家,在关系、情绪、精神等方面,她也都只能去依靠自己了。她越发了解自己,懂得去照顾自己。在越来越独立的同时,可能也意味着她进一步摆脱了对家庭的依赖,但是她仍然依赖父母的支持。所以,知道自己随时能见到父亲,会让女儿安全感倍增。

由于父亲不在身旁提供资源,女儿在学习与工作的探索道路上会怀疑自己独立处事的能力。美国国立卫生研究院 (National Institutes of Health) 对失去父/母亲的成年人进行了一项为期6年的研究,结果表明:19岁以后失去父亲的女性掌控自己生活的能力较弱,自我心理认知水平也会较低。

失去父亲不久后,如果女儿刚刚成为妈妈,或者女儿的感情状态产生变化,失去父亲的感受会变得复杂得多。在为父亲的离去而感到悲痛的同时,女儿可能还要去照顾孩子或者伴侣;如果父亲离开时她还没有孩子,那她肯定会遗憾未来外祖父第一次抱上外孙的重要时刻也没有了;如果当时她还是单身同时希望结婚的话,那她肯定会为自己是一位没有父亲的新娘而感到忧伤。她想:婚礼上我要挽着谁走向新郎呢?婚礼上的父女共舞环节该怎么进行呢?无论她的家庭或者感情状态如何,突然间过去构想的与父亲、孩子的外祖父、自己的家人有关的所有美好画面都一一破碎了——无论当初的构想是多么美好。

进入30岁后,女性的身体状况开始走下坡路,与此同时,来自家庭、职场、社交的层层压力可能会使她喘不过气来,她得将每件事做到最好,去满足所有人的需求。这时，她急需父亲在道德、精神甚至可能包括在经济上为她提供帮助。没有了父亲，一旦生活中其他男人让她失望的时候，她可能会感到无依无靠，找不到可以靠着哭泣的肩膀。如果父亲去世了，她不仅要面对父亲生命结束的现实，对于自己的死亡，她也会产生新的看法。世事无常，世界在告诉她要以成年人的方式处理事务，但她还是时常感觉自己仍是那个曾经的小女孩，一直在找那个她再也找不到的爸爸。

失去父亲可能会颠覆她对事业或者爱情的追求。她努力想要找到生活的平衡，但父亲的离去会打破这种平衡。丹尼尔·莱文森 (Daniel Levinson) 在一项划时代的研究中调查了1300名女性，结果显示，在三十几岁的年纪，女性出现的一些重大转变会清晰明了。"她要么变得独立，找到自己的角色，要么开始恋爱步入婚姻和家庭，"他说，"选择其中一种的倾向会变得非常强烈。"

如果女儿二十几岁，未婚，那她可能会尽量避免与他人建立亲密关系，以防自己再次经历生命中重要男人的离去。进入30岁，女儿可能已经离婚了，她决定选择一位伴侣共同生活，而这种关系长久与否还是要取决于她自己的情感。如果她的婚姻以离婚告终，那么原因可能是她重蹈覆辙，或者当初因为错误的原因而结婚。但现在，她可以更透彻地去看待事情了。也许她已经决定花些时间在自己身上，理清心中那些纠结的事。

也许她想追寻她心爱的父亲的足迹，专注于更加独立和发展事业。如果她和父亲的关系不好，她可能会选择去追求事业上的成功，向世界证明自己的强大和价值，去追求那些父亲所不认可的事情。如果她经历过失去、被拒绝或者痛苦，她可能会将自己孤立起来，拒绝任何亲密关系。她专注于可以实现的事情，如可以凭一己之力完成的事业。随着时间的推移，如果她的价值观开始发生转变，她可能会问自己："我是否太过专注事业，而忘了在生活中追求我所渴望的感情？"

自我保护在一定时期内可能有用，但是在夜晚却无法抚慰你的心灵。如果你希望在生活中拥有一位亲密伴侣，那么有些事一定要改变。也许是时候回顾过去，解决你在情感和精神上出现的问题了，去找到伤口的最深处，搞清楚自己真正想要的是什么，学着尝试新的事物，实现你的人生目标。

在这一阶段，生活变得极为复杂，因为失父女儿要扮演许多相互冲突的角色——员工、伴侣、母亲等，而除了这些角色以外，还有自己。她承担着沉重损失的同时，还不得不去兼顾许多别的事情，周围的人可能也无法真正理解她有多悲伤；另一方面，她可能一直以来都在努力建立坚实牢固、健康积极的支持体系，每当她不堪重负之时，这些就可以减缓她的悲伤。如果她找到了一位可靠的伴侣，拥有一段稳定的婚姻或者爱情，她便幸运地找到了正确的归宿，有一个可以信任、鼓励和深爱着她的人。选择什么样的伴侣足以产生天壤之别的结果。

一些失父女儿工作表现出色，往往会利用在事业上所学到的领导力，帮助她们度过个人生活上的困难时刻。36岁的莫莉谈到，当自己难过压抑时，她每天会留出一个小时"与痛苦对话"，用这个时间来心疼自己。她说她之所以能不断前进，是因为她为自己留出时间心疼自己了，与朋友和心爱的人诉说自己的问题。然后，她会确保每天都给自己定下一个目标，不论大小(如整理抽屉)。一天下来，她会感觉成就满满。

许多研究表明，成年后失去父亲的女儿会感到孤立无援，因为其他人会常常忽视失去父亲对她的影响。二十几岁、三十几岁失去父亲的女性所感受到的痛苦最为强烈。人们期望她们快速从伤痛中恢复，像成年人一样处事，但在她们心里，失去父亲可能是她们一生中所经历的最大变故。朋友们可能没有顾及她们的感受，说出一些不痛不痒的话，诸如"死亡是人生中正常的一部分""起码你不是个小孩了"。没有人可以真正理解她们，她们永远都没法真正迈过这道坎，但还是一直在一步一步努力探索如何去克服它。

虽然失去父亲的方式不同，所遭受的痛苦也不同，但是我们从未真正准备好去面对这件事情。即使路途漫长，终点到来时，还是会让人猝不及防。

大多数人都无法理解为什么悲伤会一直笼罩着成年失父女儿。如果一个女儿没有得到所需的支持，那么她的婚姻就会受到影响，家庭关系会变得紧张，身心健康也会受到重大损害。医学研究也表明，没有解决的痛苦和悲伤可能会通过身体疾病或者其他方面表现出来。一个失去父亲没多久的女儿需要一个倾诉对象，在她哭泣的时候可以陪伴在左右，能够认同她的巨大痛苦，而且她长期需要这样一个人，因为她的痛苦不会真正消失。当她获得了支持和足够释放自己悲伤的空间，她将会摆脱层层痛苦，重新掌握未来。这一切都在一天天地悄然发生。

还有一些情况会使失去父亲的情况变得更复杂。随着女儿不断成长，她往往需要照顾年迈或生病的父母。如果父亲去世前你一直在照顾他，你的心情可能会有不同，你在内疚、悔恨、伤心、绝望的同时又感到一丝丝解脱，肩上的担子也终于卸下。你父亲的病情越严重，这条路就越难走，而你又是他唯一的依靠，所以这也会给你的生活带来巨大的影响。尽管你们的关系已经加深并转变，但照顾他还是会让你情绪波动起伏，感到疲惫。等待死亡到来的漫长过程中也可能出现许多复杂的问题，包括失智症（这意味着你已失去了他一次）、家庭不和，你不得不从自己的家庭中抽出时间，觉得自己有义务支持你的母亲或兄弟姐妹来面对这一切。

也许你和父亲之间有一些未解决的问题。也许在他去世前，你已经多年没有和他联系了，或者因为父母离婚或情感缺位导致他已经离你而去一两次了。也许他从来没有面对自己的心魔，也没有与你和解，让你陷入没有画上句号的痛苦当中。你过去可能一直打算跟他联系，但却一直拖着，现在很后悔或困惑自己为什么没有去联系他。也许是他的成瘾行为或生活方式导致他离世，你生气他没有为了更多地参与你的生活而改变自己。难道你不值得他这么做吗？从心理学上看，你要面对的现实是，无论是在他在世的时候还是在他去世之后，你都要面对同样的问题。但现在你知道已经没有机会再跟他说话，无法告诉他你的真实感受。那么现在就是你寻求心理咨询的最佳时机，咨询可以帮助你解决这些问题，让你内心平静，思路清晰。你需要有人聆听并认同你所背负的种种负担，能够对你无法解决的这些问题感同身受。一旦有人理解你，你就可以摆脱这些问题的困扰，并获得一种得到认可和实现成长的生活。

无论你与父亲的关系状况如何，无论他以何种方式离开你，你熬过悲伤的经历都是多层面的，你的情感、生理和心理都会有波动，精神层面也会有反应。这一切的意义是什么？上天干吗要让这一切发生在你身上？在哪里可以找到答案和力量？怎样找到对未来的希望？透彻地了解自己的内心和情绪，建立人际关系和精神联系，通过健康的活动和饮食习惯来照顾自己的身体，你可以由内而外同时也由外而内地打造一个强大的自我。

  大胆提出需求，当所需出现的时候抓住它。依靠信任的人，和他们分享你的故事。告诉他们真相，让他们感同身受，从而治愈自己。渐渐地，你会知道是你自己主导着你的生活，而不是你的过去。同时，你要保护你的家庭，别造成其他重大变故，无视那些不认可你的人的影响。敞开自己的心扉和朋友们来往，一起大笑，领略生命的美好。放心享受每一分每一秒，放下内疚，教会自己活在当下，享受自己现在所拥有的一切。让人们知道你愿意谈论父亲还是希望独处一天。写日记，给父亲写一封信，或者画一幅能代表你目前状态的画。所有可以舒缓你情绪的事情都会让你离痊愈更进一步。你正是在你应该在的地方，感受、纪念属于你的东西，将其收回。

我们希望你开始看到，失去父亲对你一生中的诸多方面都有重要的影响。理解当时的自己和现在的自己，你可以结合过去和当下，学着治愈自己。正是因为你有意地让自己从失去父亲当中发现新的潜力，你拥有了找回自己生活的自由。

---

[1] 利用唾液提取 DNA 分析，从而调查自己的祖先民族是哪种人、生活在哪里等，还可利用数据库查询自己失散的亲属生平有关信息。

第四章

家庭关系

毫无疑问，人类社会最伟大的美德都是围绕家庭来创造、加强和维持的。

——温斯顿·丘吉尔（Winston Churchill）

2012年年初，当时丹娜正在研究失父女儿，周末和一个闺蜜去芝加哥度假。就在那个周末，她遇到了塞伦，一个美丽动人、绝顶聪明的约旦女孩。她在美国长大，从小失去父亲。1981年，塞伦还是个二年级小学生。在情人节那天，她在放学回家的路上就有不好的预感，回到家她得知心爱的父亲心脏病发去世了。

"对于8岁的我来说，还无法理解什么是死亡、哀悼、悲剧事件、失去父亲、痛苦，但我能明白爸爸再也不会回来了。我记得在学校我会因为没有父亲而觉得丢脸，每当有人谈及他们的父亲或者提到家长会，我总是会扭头走开或者装作很忙的样子。当然，我也会记起，那一切偏偏就发生在情人节那天。"

那并不是她童年所面临的唯一一次死亡。在她13岁的时候，哥哥因白血病去世了。

"在爸爸去世后的几年里，我们都会去他的墓碑前，旁边就是哥哥。我会在车上等，又一次地逃避、忽视。我不想将情绪表露无遗，更不想在家人面前哭得撕心裂肺。我不想丢人现眼。虽然当时还很小，但我清楚地记得，父亲是一个很幽默的人。他喜欢逗我笑，和他在一起的时候总是充满欢声笑语。幽默是他赠予我的礼物。我猜他一定不知道这份礼物未来会帮助到我。在人生最困难的时刻，笑声和幽默感是可以治愈一个人的。

"11岁以前我都和母亲一起睡，当时我患上了分离焦虑症。这也让我没能拥有一个'正常的'童年。在十几岁的时候我才开始真正为失去父亲而难过。妈妈成了我生活的中心。每次只要我周末和朋友出去，留她一个人在家，我就会感到很愧疚。

"时至今日，我仍会悼念父亲。每次离开妈妈，我都会非常难过。在我30岁前后那几年，早上一醒来，我就会感到恐慌和焦虑，我会想：'天哪，人生只有一次。我还没和家人相处够呢，我很想妈妈，我很害怕，我必须要在我死之前做完所有想做的事情。'

"我觉得这一经历某些程度上塑造了我。我想到的第一个词是'坚强'。

"虽然家中遭此变故，但是我已经学会以立足当下、展望未来的乐观态度去生活。一些人，即使是我的朋友，都无法理解我'说干就干'的生活观。每天早晨醒来，接下来一天的目标就是做自己最享受的事情：品尝美食、锻炼、看电影、旅行、与家人朋友共处。我努力不去浪费每一分每一秒。

"失去挚爱的经历会迫使你深入思考，驱使你去探究生命的真相和意义。因为你明白了生命有多么宝贵，同时也知道生命从身边被夺走会有多快。我有时平静，但有时候会自然而然地感到不安。我已经学会接受这一现实。每每无法平静时，我就回想《少有人走的路》(*The Road Less Traveled*) 一书中的第一句话：'生活很难。'我从中找到慰藉。的确，生活很难。"

当父亲离开了家或者去世，剩下的家庭成员会感觉失去了生活中重要的部分，如饭桌上少了一副碗筷。父亲这一角色缺失后，家庭剧本需要重写，此时，家庭关系可能会发生巨大变化，成员的角色也将随之改变(短则几年，长则余生)。

有时一个人也会给自己的生活造成巨大改变。也许是母亲重回职场或者校园，承担起养家糊口的责任，哥哥姐姐得去照顾弟弟妹妹，或者会有其他家庭成员搬进来。你视母亲为榜样，所以她应对父亲离开的方式会大大影响你的生活。如果你有兄弟姐妹，就有了同伴，你的路可能会走得更轻松，但也可能会更难。兄弟姐妹们都有自己应对失去父亲的方式，感情可能会因此增进，但也可以冲突不断。一般来说，父亲离开后家庭成员间的关系很大程度上取决于在此之前的关系如何。兄弟姐妹之间可能疏离，可能齐心，也可能到了80岁还在争宠。没错，即便到了80岁，谁最受喜爱仍然很重要。

44岁的诺拉分享了在她父亲去世后出现的复杂家庭关系："那是我最可怕的噩梦。尽管他已经病了很长一段时间，但是他去世的那一刻仍是一次巨大的冲击。那一刻在客厅，在我的母亲、哥哥、姐姐以及同父异母的兄弟姐妹中间，像是有一枚炸弹爆炸了，之前所有本就有问题的事情现在变得更糟糕了。"

"在我家，我们一直觉得父亲偏爱我半同胞的兄弟姐妹，虽然这在他在世的时候已经让我们觉得很难受，但在他去世之后我们感觉更糟糕了。我们所有人都因为他的离去而伤心欲绝，但是似乎这份悲痛逐渐变成了愤怒。"

"在他快去世时，一直都是我照顾着他，那个场景一直在我脑中挥之不去。我感觉我本可以做些什么保住他的性命。这种感觉太痛苦了。没有人可以明白我的感受。每个人都在忙自己的事情。我感觉我需要照顾其他所有人,但是在心里,我觉得我备受折磨。我们一直在为谁应该得到什么、家里谁说了算而争论不休。我已经受够了所有的这些压力,它摧残着我们每一个人。"

诺拉所描述的这类故事很常见,因为父亲在家中本应该承担的角色太重要了。这个角色突然空缺时,家庭中的每个人都会一片混乱。

鲍恩家庭研究中心(The Bowen Center for the Study of the Family)提出了一个关于家庭关系的理论:"家庭的本质就是其成员在情感上紧密相连。有时候人们会感觉自己与家庭疏远了或者脱离了家庭,但是这其中感觉多于事实。家庭成员会深刻影响彼此的想法、感受和行为,导致他们常常看起来像是生活在共同的'情绪皮肤'下。大家想要得到他人的关注、赞同和支持,也会回应他人的需求、期望和困境。这种联系和反应让家人各尽其责、互相依赖。一般情况下,一个成员的职责发生变化后,另一个成员的职责也会随之改变。"

以这种方式看待家庭则解释了父亲去世或者离开

后家庭重组的艰巨。家庭成员不仅要互相照顾，还要照顾自己，寻求新的情感联系。家庭成员会基于此前的关系，以不同的方式来面对父亲的离去。请谨记，失去父亲时的年纪将会影响你们各自的看法和反应。在寻求个人稳定和家庭(情感)联系的过程中，他们既可以走到一起，又可以针锋相对、渐行渐远。将他们团结在一起绝非易事。有时候尽管是动机最纯洁的人，也会在这条道路上被误解，受伤受累。

每一个家庭成员与父亲的感情都是独一无二的——有的亲密，有的破裂，有的时而亲密时而破裂。同样，家庭成员间现有的关系会随着不同的悲伤阶段的出现而受到影响。从准备葬礼，到解决遗留问题，再到母亲(或者孩子)适应一家之主的角色，家庭将会经历一段非常情绪化且复杂的旅程。一些成员会发现他们有着相似的情绪，所以他们可以重新形成更加亲密的关系。然而，另一些人可能会揭开旧的伤疤，互相指责，而不是去处理因为父亲去世而产生的怒火。一个家庭对于失去亲人所做出的反应，无论是集体的还是个人的，一般来说都能映射出他们对于任何危机的处理方法。

如果你的父亲还在世，家庭关系也会有类似的变化。其中一个人也许可以轻易地原谅他，而另一个人却可能会一直受伤。当意见相左时，就会出现误会，而更常见的是互相责备。我们有不同的治愈方法，并且也有我们自己的成长时间线。有一些人祈求原谅和团结，而有的人会困于悲伤的情绪以及受害者心态当中。

你的母亲

对于很多失父女儿来说，她们的母亲同时也是她们的父亲。这可能不是父母二人孕育生命时所想的情况，但是这偏偏就降临到母亲头上了。你有没有回想过那段日子，父亲离开或者去世时的情形是什么样的？你母亲经历了什么变化？你们相处得怎么样？你们有花时间一起去回顾那一段历程吗？

我们（卡琳和丹娜）和自己的母亲都有一段很有意义的经历。尽管我们都与她们有过种种不愉快，但因为与母亲曾经共渡难关，所以现在我们与母亲的关系比以往都更亲近了。如今，我们从母亲过去的付出中汲取力量，她们教会我们要保护自己，找到属于自己的路。正是因为她们，我们才写出了这本书。丹娜的母亲教会了她坚强、自信，一种相信自己存在的意义的自信，一种自己能为这个世界做些什么的自信。同时，丹娜的母亲也鼓励丹娜和哥哥将笑声作为一种应对机制，去熬过大多数的痛苦。"当然，回首过去，生活不是一帆风顺的。我们三人当时都在探索各自的路。父亲的离开让我们承受着太多的苦痛，但是每当情况允许，我们便会放声大笑。"

卡琳的母亲则给予了她精神力量，并且鼓励她去努力治愈自己。"尽管我母亲在自己的生活里经历过诸多失去和挑战，但这不影响她成为一个很了不起的人。她绝处逢生，敢说敢言，是我心目中的英雄。如果没有她，我不可能像现在这般健康、勇敢，拥有一颗强大的内心。"

父亲离开了，丢下你和母亲。你母亲的处理方式会大大影响你和她之间的关系以及你对世界的看法。虽然我们努力从母亲的庇护下独立出来，但是她们对我们的爱、照顾和与我们的互动有着非常重大的意义，会部分奠定我们生活的基础。在父亲去世或者离开后，女儿需要母亲提供帮助，指导她如何应对失去父亲一事。你和母亲是怎么应对的？她是否沉浸于悲伤之中而无暇顾及你呢？她有没有给予你爱和支持呢？

在采访过程中，我们发现，无论是在父亲离开前还是离开后，一些受访者和母亲的关系一直都很紧张。比如，一些女性谈到她们感觉母亲将父亲离开这件事怪罪到她们身上。还有一些女性则表示，母亲由于成瘾行为和缺乏有效的应对技巧而没有照顾她们的身心健康。

21岁的爱丽丝说，她感觉母亲无论在什么事上都要跟她争。父亲去世之后，她母亲开始和高中时期的旧爱约会。她们的关系从一开始就反复无常。每个月都要吵架，然后和好。"母亲的男友时不时就夸赞我的身体，这让我觉得很不舒服，尤其是当着我母亲的面这么说的时候。但是，想想那时候的事，我觉得之所以她当时会开始嫉妒我，是因为在她眼中，我是和那个男人住在同一屋檐下的'另一个女人'，而他并不是我真正的父亲。最难以接受的是，我们直接闭口不谈父亲。她的男友还要求她将所有我们家的照片都拿掉，并且将父亲的所有物品都清理出去。看着父亲的物品一件一件地被丢掉，我真的很无助。这段新的感情吞噬了母亲的理智。她开始借我的衣服穿，减肥，把自己打扮得远远比实际年轻。我觉得很难堪，她好像一直在跟我竞争。我一次又一次地想找机会跟她说她值得拥有更好的，我觉得那个男人有问题，但是我知道她肯定会将这些话当作耳边风。满18岁的时候，我立刻离开了那里。幸运的是，这些经历都让我清楚地明白我对另一半和理想家庭的要求，而且尽管我的童年不堪，最后我还是嫁给了一个很好的男人。我想母亲到现在还是对我怀恨在心；面对我时她的好胜心还是那么强，但是我已经学会从中抽离出来了。我们之间的区别是，她把自己当成了受害者，而我没有。"

另一位受访者是34岁的塞雷娜，父亲在她上小学的时候入狱，至今仍然关系疏远。她和我们交谈的时候讲述了她与母亲相互依赖的关系。

"母亲为了爱情和金钱，开始了一段又一段感情；对她来说，金钱永远是最重要的东西，她没有一段感情是长久的。我很同情她，至少，同情了很长一段时间。一分手，她就给我打电话要我帮她交车险或者房产税。要知道，她不工作，住在一个还清了贷款的价值50万美元的房子里。上个暑假我发现自己患上了焦虑症，于是我决定去看心理咨询师。我告诉咨询师，每当母亲形单影只、处境艰难的时候，我就会感到内疚。咨询师告诉我，每当谈及母亲的时候，应当用'同情'代替'内疚'。不得不说，这完全颠覆了我的看法。现在的我可以因为她是我母亲而产生感情，但是我不用再对她感到内疚了。"

虽然我们认为非常有必要谈谈过去所发生的事情，以便更好地了解失去父亲让你处于什么境地、产生了什么后果，但是你的母亲也许无法像你所希望的那样敞开心扉。我们这一代擅长自我救赎和自我反省，但是我们父母那一代的观念是搁置痛苦，将其抛掷脑后。将心底的伤疤揭开会很痛苦，毫无疑问也会引起情绪起伏。向你母亲提出你的要求，不要期待过高，尽力从成年人的角度理解她的经历。但是要记住你依然是一个女儿，你们可以给予彼此支持，但是也要自己处理各自的问题。这样做你们就可以真诚相处，给彼此同情和耐心，从而让你们的关系不断发展。

失去父亲不同于失去母亲

霍普·埃德尔曼（Hope Edelman）在《母爱的失落》（Motherless Daughters）一书中肯定了1996年哈佛儿童丧亲研究（Harvard Child Bereavement Study）的发现，她写道："一般来说，跟失去父亲相比，失去母亲会对孩子产生更严重的影响，主要原因是孩子的日常生活被改变了。在大多数家庭中，母亲去世意味着情感守护者的缺失，而孩子必须适应这种缺失带来的一切。"这也道出了失去父亲不被视为孩子在生活中的一次创伤性事件的根本原因。人们普遍认为，父亲可能会离开，但是母亲会始终不离不弃。

正是因为失去父亲在我们的社会（美国）比较普遍，所以失去父亲可以变成一件微不足道的小事，女儿也不清楚失去父亲意味着什么。失去母亲后，女儿可以毫不掩饰地表达哀伤，因为身边的人都倾向于安慰她，认同她所承受的巨大悲痛，甚至会去照顾她和她的家庭。而失去父亲却不会受到同等重视。因此，女儿的需求、情感和生活上的变化可能无人注意，随着周遭的一切依旧向前发展，她内心的痛苦也被逐渐埋藏。

何为父母？

父亲离开或者去世时你的年龄，决定了你会不会进入照顾模式来帮助你的母亲，让她不必独自应对生活中的各类挑战。如果你的母亲没有及时安慰你，给予你支持，你可能会怨恨她作为家长没有尽职尽责。但是同时，你可能也会因为没有在她最需要的时候帮助她而感到内疚。这样一种"暂时的"单方依赖或者相互依赖关系可以持续到你的成年时期。39岁的伊丽莎回顾了生活中母女角色反转的情形：

"我觉得自己一辈子都在保护我母亲。父亲去世的时候我才2岁，母亲两年后就再婚了。在新家庭里我们对我生父避而不谈，我们就这么直接把这一页翻过去了。但这就导致慢慢地失去父亲的感觉变得越来越强烈。最后，继父多次出轨，还被起诉职场性骚扰。这些之前埋下的雷被引爆的时候，我才18岁，才刚刚开始我的大学生活。事情发生后，母亲最终离开了那个家。猜猜她去了哪里？我的大学宿舍。

"有一天，她招呼都没打就直接过来了，假装是要给我一个惊喜。当天晚上,她崩溃了,坐在我的床上,向我诉说了她遭遇的一切,说继父虐待她,说他出轨,说自己有多么痛苦。她依偎在我的怀里,哭得像个小女孩,我就那么抱着她。这把我的生活搅得天翻地覆,让我摸不着头脑:我到底是女儿还是母亲。但是我得帮她度过这一艰难时期,所以当时我强撑着,没有让她知道其实我也很崩溃。她需要我,我也很庆幸她这么信任我。

"那一周里,就我们俩一起过。我们的生活都永远改变了,所以我为她感到惋惜,也为这个家的结局感到惋惜。但是事情发生在这个时间点,使我的内心和需求产生了矛盾。我才进大学,想展翅高飞、翱翔天际,而不是回到原点——我很纠结:她需要我,但我需要成长。我们花了很长时间,做了很多次心理咨询,最终解决了我们之间的问题。自那时起,我们越发认识和了解彼此,一直更加真诚地爱着对方。"

伊丽莎的经历正体现了失去父亲女儿普遍会对母亲产生的矛盾情感:她对母亲很内疚、很担心,她感觉需要照顾母亲,但同时又为被迫中断自我疗愈而懊恼。内疚可以成为她生活的动力,理由很简单,她爱母亲。

她不愿意看到母亲受伤害。一路走来，母亲可能也说过类似需要她的话，但是一旦女儿需要专注照顾母亲而忽略自己时，母女之间的关系就可能会出现问题。

平心而论，母亲需要喘口气，也需要支持，所以女儿应该是她最亲密的人。对很多失父女儿来说，母亲就是她们心中的"女超人"。在父亲离开后，母亲是那个迎难而上的人。她们不得不独自面对生活。她们既要独自养育孩子，承担家务活，又要肩负起家庭开销，仅凭自己的收入撑起整个家。家里面大大小小的事务都要她们来处理，同时又要打好几份工，为了奔波于几份不同的工作，还得找人拼车，这样的生活真的很不容易。

母亲应对家庭变故的方式不仅会影响自己，还会影响女儿。如果她很快就走出来了，那么女儿也会一样。但是如果她一蹶不振，解决方法不当，多次经历失败的感情，那么她的女儿也会耳濡目染。如果母亲寻求他人的支持，关心照顾自己，那么女儿也会学着这样做。事实上，美国华盛顿州亲子关系法研究 (Washington State Parenting Act Study) 也得出结论："父母离婚后，作为孩子主要监护人的母亲如果很幸福，那么孩子也会表现得更好。如果主要监护人有心理、情感、生活、经济或者健康问题，这些问题可能会带给孩子，该监护人通常很难管好自己的孩子；而如果主要监护人拥有强大的支持网络，如亲属、朋友、互助组织等，以及稳定的住房和收入，那么她们往往能成为更称职的家长。"

你母亲可能会将自己的想法、判断和应对机制投射到你身上，而她可能都没有意识到，这会导致你们之间的情感以及你与父亲以及兄弟姐妹之间的情感变得割裂。她可能会一时忘记你也很痛苦，导致忽视了你的需求。她可能忘记了你是她的骨肉，忘记了对她的伤害也是在伤害你。父母之间存在问题时，期望女儿成为母亲的知心人是不公平的。母亲可能会视女儿如挚友一般地去依靠她，这会成为女儿需要背负的沉重负担，掩盖了她也要卸下自己痛苦的需求。失父女儿自此成为倾听者、呵护者、秘密守护者。即便年纪太小，她还无法体会成年人的表达，她依然觉得自己有义务尽其所能地站在母亲身旁，保护母亲，尽管她自己也很茫然。

你是怎么应对这一切的呢？你如何在承担着照顾母亲责任的同时照顾好自己，独自在生活中前行呢？你的自我意识逐渐变强，愈发坦诚，并不断反思过去几年发生了什么，这些能帮助你解决问题。

46岁的克拉拉向我们讲述了她和母亲之间的事。父亲在她23岁时出车祸去世了，当时情况很艰难。她说道：

"这一切发生之时，妈妈被击垮了，我们四姐妹不得不肩负起照顾她的责任。如今情况虽有好转，但她仍然没有自己的生活，所以便过度干涉我的生活。对于我来说，最难的事情就是对她说不或者让她少管闲事。我和她在一块时，她对我的感情生活非常感兴趣，总爱发表意见。我们之间发生过很多次冲突，就是因为她想要控制我。例如，她总怕我出车祸，所以每次我出去，不管有没有开车，都是一件天大的事情。为此，我还要随时告诉她我在哪儿，而我想要的只不过是成长的空间。

"我和朋友们常常聊天，在一次聊天中我遇到了现在的丈夫，但这也让事情变得更棘手了，因为我从此变得更加独立。妈妈已经习惯了有我在身边，我就是家里的大家长。但结婚后，我得建立界限，而这是我做过的最困难的事，不过却很值得。我得学着不再继续告诉妈妈关于我的一切，我得鼓励她要拥有自己的生活。从某种意义上说，虽然我还是大家长，但这的确让她不再那么依赖我了。虽然她还是想管着我，但我已经学会了说'我明白你的意思，谢谢你'，然后坚持自己的选择。为了我们两个，我必须要这样做。"

就像克拉拉所经历的那样，失父女儿要在与母亲牵扯纠缠、日渐疏远和找到平衡点中做出抉择，这种抉择可能要持续多年。不能想着一刀切地解决问题，最理想的情况是母女之间保持沟通的同时，又能互相尊重对方的独立空间。当你反思自己与母亲的关系时，你会开始意识到自己的哪些需求得到了满足，并对此心怀感激。此外，你还会发现未被满足的需求，从而找到方法治疗旧伤，治愈自己。

当你越发成熟，独自步入这个世界（比如成为专业人士、妻子或母亲）的时候，你也许会突然意识到现在自己的经历竟然和当初的母亲如此相似。这时，你可能就会开始以不同的方式看待和理解她。你现在的年龄或许刚好就是她失去丈夫的年龄，你可能想知道她当时到底是如何度过那段日子的。可能你惊讶于母亲是怎么熬过来的，又或许对她曾经做出的一些错误选择而生气。当你开始理解所有发生在家里的事情时，你可能会更加明白事情为什么会如此发展，你也会有想知道答案的新问题。

你可能会重新认识你的母亲，当时的她已经竭尽所能。同情一下你的母亲，如果你准备好接受所有事实，那就去问她更多的细节。也许你会开始更加深入地了解她成长的环境、她与她父亲的关系，以及她母亲是如何教她做一名女性、如何应对压力的。和你一样，她用自己认为的最好的方式处世。成年后，你更明智，你发现事情不是总能如你所愿。重新认识母亲后，你的心情可能是感激、内疚和失望交织在一起。这是失去父亲后女儿面临的一个重要阶段，可以帮助她们培养自愈能力。

找一个心理咨询师可以帮你最真实地去感受，并找出在母女关系中你想要解决的问题。如果你觉得这可以将你们的关系拉近，那么就告诉母亲你想翻篇，想靠自己做些什么来治愈。最理想的情况就是她跟你有一样的想法，各自做出努力，发现共同成长的空间，增加互信并修复你们的关系。我们听过很多母女间美好的故事,她们会一起去进行家庭心理治疗,对彼此敞开心扉,或者一起去旅行,对彼此坦诚,愿意让大家都好起来。你永远不知道这些时刻什么时候会来到,但是一旦来了,请务必抓住这一机会。

盖比,22岁,父亲自杀身亡。在他人的帮助下,她和母亲经历了一次令人意想不到的事情。

"从卫校毕业后,我的第一份正式工作是在一家天主教医院的重症楼层当护士。我母亲则在医院旁边的配楼工作。我的工作压力大但很自由,而且我终于可以自己赚钱了。父亲去世后,家里经济拮据,我便发誓我要认真学习,顺利毕业,找到一份好工作。这样我就可以照顾好自己,而不必像母亲那样依靠男人。

"有一天,我去找心理咨询师玛丽·詹克斯 (Mary Jenks) 讨论一位病人的病情。我是那天最后一个去找她的人。她跟我说她那一天过得很漫长,想跟我多待一会儿,而我刚好轮完班,所以就去了。我们说到那位患者的儿女即将失去他们的父亲,说了还不到5分钟,我就哭得停不下来了。然后我都没有意识到,我们已经在谈论我失去父亲了。很快，詹克斯就成了与我无话不谈的密友。我每周都会像闹钟一样准时去找她，乐此不疲。

"最后我向她吐露了一切。我告诉她，我真的渴望环游世界，成为外派护士似乎是实现目标的方法，但是一想到这意味着离开母亲，我就会很焦虑，因为她是我最好的朋友。詹克斯当时随口提了一句，让我带上母亲加入我们的下一次聊天。所以到了另一周，我和母亲手挽着手去了詹克斯的办公室。詹克斯当时就直奔主题，说：'盖比跟我说她想环游世界，您对此怎么看？'当时我就慌了，天哪，她是疯了吗？我都还没跟母亲提起过呢。

"话音刚落，母亲就笑了。她冲我使了使眼色，说道：'我知道盖比有梦想。不过，我也想过她可能不会离开家乡。'詹克斯看着我说：'你母亲知道你一直在攒钱去旅行吗？'我低声地说：'嗯……我好像没跟她提起过。'然后我看着母亲，因为我的泪点很低，所以我开始哭。'我有个存钱罐，为的就是有一天，我能离开这里，去好好看看这个世界。我本来想等到你再婚、获得幸福之后再想这件事。其实，还因为我还没准备好。'当时我一边说，一边流眼泪，我感觉自己又回到了15岁。母亲也开始哭了，她也跟我一样都很爱哭。詹克斯看着我母亲，牵着她的手抚慰她说：'你的女儿已经准备好了，随时可以展翅高飞，是你一直阻碍了她的发展。盖比只是需要知道你不再需要她陪在身边了。'这次的共同心理辅导改变了我的人生轨迹。这是我第一次意识到我已经走出来了，我随时都可以离开，我留下全是因为我母亲。"

如果你和母亲之间存在问题有待解决，而这些问题正在损害你的生活，那么你可以做出尝试。你母亲是个大人了，她会照顾好自己的。她可能只是一直待在舒适区，却不知道这可能限制了你。希望借助沟通，你们既可以摒弃羞耻感，也可以相互给予爱与共情。因为你们一起渡过了难关，所以会有很多共同的美好经历。去发现那些美好，你会发现母亲跟你一样，是一个在拼尽全力做到最好的女人。多年来，她对你的照料陪伴是有功劳的，但你也需要过自己的生活。只要有了支持，你就可以用坦诚来平衡你的感恩，做出必要的变化，创造更健康的母女关系。

你的父亲

不管父亲是不是主动离开的，他都已经走了，无法在你的生命中承担起父亲的责任。因此，你的心里可能会五味杂陈，感到悔恨、愤怒和难过，这些情感成了你的负担。它们可能会在不经意间涌上心头，让你感到脆弱并焦虑万分。没了父亲的帮助，你很可能会不知如何应对这些情感。没有了父亲，你究竟该如何解决问题呢？

首先你要明白，你当下所有的情感都合情合理。你无须为这些情感感到抱歉或羞愧，也不必因此给自己下结论。正视并接受当下的一切存在是成长的开端。我们可以确定的是，失父女儿会把自身情感胡乱塞进内心深处。如果她们学会了靠如此隐藏情感来应对生活中的挑战，得费很大的力气暴露很多内心的脆弱之处，才能让她们停下来，开始处理自己所压抑的情感。长期拒绝承认内心情感会形成一些特定的应对机制，例如：害怕被拒绝，所以干脆不表达自己的观点；将他人需求的优先级提高，比自己的还高，而且高得过分，让人觉得这是理所当然的；即便想哭也绝不让人看到自己落泪。经常隐藏情感会让自己都相信自己的情感没有价值。但这种情况是可以改变的。大胆吐露心声，释放自己长期奋力掩盖的情感，如此便能解放头脑，减轻心中的负担。

写信，接受心理咨询，或是对着照片中的父亲大声说出自己的感受，这些方式都可以让你认清自己的情感。准确说出你的情感，把它们宣泄出来。问出那些一直萦绕在你心头的问题：他对于自己的决定是否后悔？他怎么能把我抛下？他为什么要这样做？为什么让我独自承受这一切？花点时间去释放掉那些愈加恶化的情感吧。羞耻和痛苦最喜欢被你藏在心中，如此便有更大的力量，让你一直陷在受害者心态中无法自拔。它们害怕真相，讨厌得到正视，因为这会让它们失去力量。

卡琳是一名心理咨询师，她帮助失父女儿通过她们感觉最真实的表达方式来找到自己内心的声音。有的人靠写日记发泄，有的人靠艺术作品表达自我，有的人只需要在公园里长时间散步，在户外细细表达情感。丹尼是卡琳的一位特殊咨询者，父亲在她15岁时便离开了家，很多事情她都未曾和父亲一起经历。在咨询过程中，失去父亲对她的影响愈发明显，因为丹尼常常会说"我就是希望能告诉父亲，他的离开给我的生活造成了很大影响"，还有"我很好奇他会怎么解释他的做法"之类的话。因此，卡琳和丹尼一致同意采用格式塔疗法(Gestalt)里的角色扮演法，即空椅技术(Empty Chair Technique)。这个方法十分有效。用一把空椅子代表父亲，丹尼朝着它表达自己的情感。表达完之后，丹尼坐到那把空椅子上，假装自己是父亲一样回应自己。这种形式的角色扮演能让人安心反思，也能让人认真思考另一方会如何回应。

尽管在这几次的咨询中丹尼的情绪很激动，但对于她而言，这是一大转折点。朝着那把空椅子，她把积压在心底的所有情感都倾吐了出来，也能够坐在父亲的位置上，试着想明白他会说什么或是他生活中发生了什么事。丹尼能够扮演父亲告诉自己，他只是没办法成为自己想要的父亲，无法满足自己的需求，和妻子相处得也不好。之后，丹尼看着自己的位置，说道："问题不在你，在他。"这是她第一次能明白这一点。随着咨询不断深入，丹尼对自身情感和父亲的认识也终于联系在了一起。她每次想要处理和父亲相关的问题时，就会用这种方法，她也因此学会了表达自我，变得更加坚定、自信。

承认情感，理解情感，最后到治愈自己，这是一段旅程，而你已经走在这条路上了。如今你已成年，就该弄清楚自己的故事，更多地去了解过去发生的事情。你可以给走得近的亲戚打电话，请求翻看与父亲有关的文件，翻一翻家族相册，和信得过的人聊一聊，或是用纸和笔写下你的情感，总之任何一种能让你宣泄情感的表达方式都可以。如果你和父亲之间有要解决的问题，就必须由你亲自解决，但这并不意味着你只能一个人面对。你现在就可以开始了，但不要为他的离开或自己做得不够而引咎自责。你已经竭尽所能了。虽然现在已经成年，但当时你还只是一个懵懂的小女孩啊。

无论你在这段旅程的哪个阶段，有一点永远不会改变，你始终是他的女儿，他也始终都是你的父亲。他本应陪伴你一生，但因为他从你的生命中消失了，你早就知道他会缺席你的许多重要人生阶段和事件。尽管他人不在这里，但依旧影响着你，因为你正想着他。有的人认为如果父亲去世了，他很有可能还在身旁保护着自己。据说，人与人之间的联系永远不会消失，只是会改变形式。你们之间的联系没有消失，只是发生了变化。无论你身在何处，无论是否有人知道，这种形式的联系、情感以及其他的一切，都会伴随着你。父亲去世后，31岁的瓦奥莱特在精神咨询 (spiritual counseling) 中找到了慰藉。在过去的几年里，她在精神咨询中和父亲有了精神交流，她还解释了为什么自己会进行这么多次咨询。"知道父亲仍以某种形式陪伴在我身边之后，我找到了内心的平静。这帮助我用爱和接受去处理内心情感，这种方式真的很美好。收获是，我感觉离父亲更近了，比之前都更近。"

如果父亲主动离开，且仍然在世

19岁时赛琳娜的父母离婚，父亲还是一个瘾君子。她告诉我们："我爸爸没离开我。我的意思是，自己能在他不忙的时候跟他打电话交流，或互发一两条短信。如果我先说爱他，他也会说爱我，但我不确定他是否真的爱我。他不像其他父亲对女儿那样对待我。他很多次忘了我的生日，或是忘了给我买礼物。我总觉得他有愧于我，因为他本身没离开我，而且活得好好的。我3岁的时候，父母便离婚了，但他第一次抛弃我是在我只有6周大的时候。最近，我开始感到恼怒和充满攻击性。我联系了他，在春假期间去看望了他和继母。我在那里待了四晚，他只有一晚在家。我确信他对继母不忠，就像当初对我和母亲一样，别无二致。在那里的最后一天，我鼓起勇气，问了一个让我后悔的问题：'爸爸，我好不容易来看你，为什么你都不愿意花点时间陪陪我呢？'我想让他道歉，并告诉我他会改。但他只是看着我，冷漠地回答：'因为我们没有什么共同点啊。'我永远无法理解自己对他来说有何意义。"

父亲在世，却选择不与女儿一起生活，这对女儿的情感来说是最大的抛弃，这会令渴望父爱的女儿感到困惑、沮丧。你可以觉得痛苦，觉得幻想就此破灭，但如果已经认识到了自己无法改变现实，你就应该花时间关注生命中的其他事物，那些带给你认可和力量的事物。父亲的离开并非你的选择，那时候你还是孩子，而他是成年人，你要找回自我价值。

如果父母离婚的过程很痛苦，或是与父亲情感疏离，那么在人生中的一些重要时刻，你可能会有很强烈的愤怒感和孤独感。你逐渐长大，过着自己的生活，即便没人看到，但在一些人生重要的时刻，你的身边还是会空着一把椅子。也许你邀请他参加自己高中毕业典礼的邮件被退回了，或是他永远不回你的电话。有一天，你可能不得不向自己未来的婆婆解释：婚礼上，你不会挽着父亲走向她儿子，父亲也不会为婚礼出钱，还不会参加你小孩的满月宴。或者他可能会出现，不请自来。想到这一切，你可能会感到痛苦，感觉又被抛弃了，还感到情感脆弱。

你不能为父亲或是他造成的混乱局面找借口，你也无须一直执着于讲述他为何离开了你。这是你的人生，你能决定和别人聊天时是否谈论这一点。你大可像往常一样在讲述时有所保留，等到之后你做好准备了再分享心中的真情实感，或者你也可以决定完全不去解释。尽管你可能暗暗等待着他会在你的毕业典礼上姗姗来迟，或是出席你女儿16岁的生日宴会，但你还是能接受现实，知道什么会发生、什么不会，即便当下会感到难过。释放掉羞耻和自责，接受现实，你会感到无比自在，所以要下定决心，放下不属于你的，拥抱属于你的，重新掌控生活。

31岁的朱莉娅便这样做了。她因遭父亲抛弃而寻求心理咨询，而经过咨询，她感觉自己的生活愈发明朗，也更加让自己兴奋了。她聘请了丹娜做自己的人生导师，帮助自己明确目标，并制订可执行的计划。朱莉娅辞掉了律师事务所的工作，开始探索她热爱的摄影。如今，她成为一名炙手可热的摄影师。她认为教练的指导和心理治疗是自己最好的两个朋友。她说："我现在的生活比我想象中的好太多了。多年来，怨恨将我牢牢困住，如今我释怀了，这让我拥有了自由，找到了真正属于自己的事业。"

在我们的纪录片中，有一名受访者叫莫妮卡·皮尔森（Monica Pearson），她是亚特兰大一名深受爱戴的退休新闻主播。她在还是一个婴儿的时候就失去了父亲，在即将成年时，她最终接受了失去父亲这件事。她分享了自己多年来所获得的深刻理解："如果父亲离开了，从他那里，女儿真正需要的是明白这一点，他并非因为你而离开。他离开是因为他遇到了问题，你什么都没做错。你可能会想:'他给了我生命,但不愿意看着我长大,我到底做错了什么?'我认为你要意识到这是他的问题,而非自己的问题,并且你不应该去承担这份内疚,因为他才应该内疚,而只有在这之后,你才能活出自己的样子。"

莫妮卡的话提醒了我们:悲伤是有一个过程的,岁月的流逝不光会带来皱纹;作为奖励,它还让人愈发智慧。

"替身"父亲

你的生活中需要一个替代父亲的人。如果你没让任何人注意到这一点,那么与那些让人注意到这一点的女孩相比,你的人生之旅会更加艰难。对你而言,学习如何在男女关系中感到舒适的道路可能会更有挑战性,因为你从来没能从父亲那里学到这一点。向生活中没有男性的支持妥协这件事也是你自愈过程的一部分。这可能会让你感觉是又一种拒绝,因为你真的值得被保护和指引。在父亲离去的时候,本该有一个体贴的人进入你的生活,让你安心,成为你坚强的后盾,并一直这样下去；也本该有人在你人生的重要时刻和在你面对荆棘坎坷时，一直关注你，为你欢呼，爱着你。你值得拥有这一切。

你可能会想培养一个关系纯洁、让自己安心的男闺蜜，以体验信任和亲近的感觉，因为你认为这样做是有意义的。但如果你想填补遗憾，那就和女性朋友们聊聊她们从父亲身上都学到了什么，也可以读一读那些充满爱的父亲所写的文章。你不妨去祈祷一下，祈祷自己能够感受到安心和爱，特别是感觉孤独的时候。请一位导师帮你定下人生标准，帮你建立自信。加强这样的联系能够帮助你了解自己还需要知道什么，看到自身的价值，并建立起自信。在自己的恢复过程中所扮演的角色，能有力证明你内心一直都是有恢复能力和力量的。

如果父亲已过世

如果你的父亲已过世，他很可能仍在你身边，毕竟你一半的基因是来自他的。自他去世后，你和他的关系可能会变得令人困惑、痛苦、难以承受。如果他是一名好父亲，那么你肯定知道自己在想念什么，而且你会感觉到，曾经他在你心里占据的那一块地方，现在是一道深深的情感缺口。

如果你以前和父亲关系密切，而现在感觉这种联系变得越来越模糊，那么你就不能放任这一点继续下去。你要在人生的每一个重要时刻都想起他，用他的照片装点你的家，向自己的孩子和爱的人讲述你们之间浓浓的父女情。做好准备之后，就好好读一读过去的信或认真看一看老电影吧。他曾是也将永远都是你的父亲。无数失父女儿都透露，她们仍会和父亲说话，还能感受到他的存在。有的人在做决定时，会祈祷能从父亲那里得到指引，而其他人则会在自己的车里或是日常生活中大声对父亲讲话。

如果你和父亲关系疏远，或者在他去世前都不怎么了解他，你可能得依靠其他家庭成员来填补这些空白。首先，情感上你不愿意展现自己脆弱的一面，去请求自己需要的东西。其次，你需要的东西可能是得不到的或是不现实的。有时，随着时间的流逝，人们不记得一些事的复杂细节了，你最需要与之交谈的人可能已经去世，或者说你和他们早已失去了联系。大多数人都不知道一个故事能给一个失去父亲的女儿带来多大的慰藉。让他们给你讲讲吧。

对丹娜而言，"听父亲的故事能让我感到他活过来了，虽然时间很短。这就像在草丛里寻找多年，终于发现了一片四叶草一样。我鼓励你去问问那些了解你父亲的人，请他们给你讲讲自己和你父亲的故事。同样，我也鼓励其他所有失去了父亲的人去这样做。我和卡琳获得写这本书的批准后，我的母亲给我寄来了一些黄玫瑰，尖上还带着一点好看的粉色。我给她打电话道谢，告诉她这些花漂亮得有多特别，她却告诉我：'你爸爸过去经常寄给我这种花。'听到后，我的脸上浮现出灿烂的笑容。这种表达方式对我个人而言有了更多的意义"。

如果你有兄弟姐妹的话，和他们聊一聊能更好地了解他们和父亲的关系，这是一个很好的法子，因为毕竟他是你们的父亲。让他们给你讲讲他们对特定时刻或故事的记忆，你也给他们讲讲你的。相互分享你们对父亲的看法，还有各自和他的关系，你们的新理解可能会让彼此惊讶。将记忆碎片拼凑在一起绝非易事，但却相当有意义。所以，要让你亲近的人知道你在努力做什么，并向他们求助。为了走向未来而回忆过去对情感是很有益的，同时能让你解放自我，并带着对真相的更深理解去拥抱当下。

兄弟姐妹

毫无疑问，你和兄弟姐妹的关系会受到父亲离去的影响，唯有他们和你有一样的故事。这可能会加深你们的关系，但也可能让你们的关系变得紧张，因为你们每个人和父亲的关系都是独特的，这就会使你们的关系变得特殊或变得难以处理，也可能是既特殊又难以处理。

在你和兄弟姐妹中，有的孩子可能和父亲更亲近，有的受惩罚更多，而有的孩子父亲陪伴的时间更长。可能家中还有领养的孩子、继兄弟姐妹、同父异母或同母异父的兄弟姐妹，而这会让问题变得更为复杂。每个人的悲伤都不同，而且也应该如此。你们在父亲生命的不同时期认识他，和他有各自独特的回忆。兄弟姐妹间相互较劲的方式也有所不同，每个人都从自己的视角看待其他人和父亲的关系。可能你和兄弟姐妹看事情的角度不同，长大成人后会因此出现摩擦。每个人都要面对父亲离去的痛苦和随之而来的各自挣扎。如果你是父亲最偏爱的孩子，你的兄弟姐妹可能会嫉恨你。如果你比他们先走出失去父亲的阴影，他们可能会惩罚你。如果自父亲离去后，兄弟姐妹中有一个孩子开始变得不招其他家庭成员喜欢，那么他/她可能就会认为自己是父亲离去的主要受害者。每个人和父亲相处时都有自己的既定角色，也会相应对此变故做出反应。如此，你们会发现兄弟姐妹间不但有令彼此喜欢的共性，同时也有巨大的差异。

自从父亲离开这个家庭后，33岁的安琪就面临着来自哥哥的难题。

"父母离婚时我俩还在上初中，生活十分艰难，因为我们处理事情的方式差异太大。他们离婚后，我挣扎了好几年，但拿到学位后，我决定向世界证明，我的生命是有意义的，所以我开了一家宠物收容所，专门收养被虐待的小狗。但同时，我哥哥在戒酒的路上已挣扎多年，但没有成功，还多次因酒驾被捕，这就意味着他连一份工作都保不住。他还被诊断出患有抑郁症，但却拒绝他人的帮助。我很爱他，看到这一切我十分伤心。他本可以做自己想做的事，但是失去父亲的痛苦似乎全方位阻止了他。他将自己看作受害者，因为他本应过上有父亲的生活，这让我十分难过。这些年来，我试着支持他并解决问题，但我做不到，我无法弥补失去父亲对我们造成的巨大伤害。哥哥想继续做受害者，但我不想。我们现在看待事物的方式太不一样了。"

研究表明，像安琪的哥哥这样的失去父亲的儿子，通常会因此经历复杂得多的心理斗争，常常会导致违法犯罪、抑郁症和对自己身份的质疑。他们感觉自己失去得更多，处境更难。很多情况下，如果母亲再婚，他们会生气，因为他们觉得自己才应该是最重要的，同时也需要保护母亲，或保护关于父亲的回忆。有的儿子会倍感压力，因为大家都期望他们能成为家中的顶梁柱，但在适应这份新期待的过程中他们可能会迷失自我。他们之前从来没有要求去扮演这个角色，那他们应该怎样才能赢得人生呢？和那些失去父亲的女儿一样，他们的童年同样早早结束了。

你的性别、家中排行和在父亲离去时的年龄都会很大程度上影响你和兄弟姐妹经历这一变故的方式。人们普遍认为(虽然并非总是如此)，在兄弟姐妹中，年龄最大的孩子通常会喜欢领导弟弟妹妹，而年龄最小的则倾向于躲在哥哥姐姐后面，因为这样感觉更舒服，而其他孩子就会介于这两种情况之间。

通常来说，在兄弟姐妹间，每个人都会选择自己的角色：孩子王、和事佬、讨厌鬼、开心果。当然，这一说法并非适用于所有家庭，因为我们看到过很多家庭中兄弟姐妹的情况与此截然不同，但思考起来还是很有意思的。想想童年吧，也想想在那些美好时刻和艰难时刻，你都感觉自己收到了哪些来自父亲的期望？因为你在兄弟姐妹中的排行是确定的，所以你和父亲关系的基础就是他对你有何期望。现在看明白这是如何影响你的情感和行为的了吗？了解你在兄弟姐妹中的角色和位置，能更好地帮助你理解为何自己会这样应对失去父亲之痛，你的情感和他们的相比为何会那么不同。

父亲离开后，他曾与你相处的时间长短对你和兄弟姐妹的关系有着巨大影响。如果你是老大，你和父亲相处的时间就最长，就可能有更多关于父亲的回忆。如果你们中年龄最小的孩子，在父亲离开时年龄还非常小，他可能不会感受到同老大一样的那种与父亲深深的情感，还可能会感到沮丧、怨恨。年长的孩子会生气，因为年幼的孩子没有感受到自己所感受到的深厚情感，而年幼的孩子也会因此而感到内疚；反之，若年长的孩子如此，年幼的孩子也会生气，年长的则会因此内疚。父亲还在时，因为各自排行不同导致与父亲之间情感上的差异，兄弟姐妹间就可能会互相嫉妒或敌对，而父亲不在了之后，还可能会如此。父亲离开后，这些负面情感并不会消失，因为在有的家庭中，父亲走时，兄弟姐妹对父亲的感情深厚程度各不相同，且总体来看很复杂，而未来这些负面情感可能会更加强烈。相反，如果他们选择开诚布公，彼此和解，尊重他们的共同经历，那么这些差异反而能将他们拉得更紧。

父亲离开后，各个家庭成员的角色可能会发生很大转变。如果父亲是一家之主，那么现在谁来担起这个重任？谁和母亲更亲近？大家要选边站吗？谁来讲真话？谁会遭大家讨厌？谁来照顾大家？谁会马上离开，逃离到远方开始自己的生活？如果出现感情疏远、心理疾病、成瘾问题或任何其他严重问题，整个家庭会再经历一次情感缺失。想要缓解家里的紧张气氛，就要把家庭放在第一位，相互倾听，不妄加评判，理解每个人都有自己的路，同时还要保证彼此间的坦诚。你们共同经历了很多，这份亲情值得去努力维护。让一步，提议开一次家庭会议吧，把指责、埋怨和所有消极的东西都扔掉。

来一次兄弟姐妹间的坦诚对话吧，给每个人一点发言时间。如果可以做到的话，你们就达成如下的一致意见：每个人都不同，每个人都有自己的真情实感，没有对错之分。还有，你们可以约定大家都会尽力去尊重他人(尽管你们都有自己的想法)。即便你们无法达成共识，你们还是有相同的愿望：有人倾听、理解自己的情感，同时不会被评头论足。

52岁的安吉拉发现，出现分歧后，如果她和姐姐都不让自己的丈夫参与到沟通中，她俩便能更好地解决分歧。安吉拉说："我们有自己的相处方式，这是我们的丈夫理解不了的。当我们的争吵变得过于激烈时,我们就会用'暂停'这一安全词,这最有用。它能让我们退后一步,冷静下来,避免说出无法收回的伤人话语。"

安全词只是你和兄弟姐妹暂停冲突的一个方法。花时间一起笑一笑也有治愈效果,讲讲那些搞笑的家庭故事,比如谁似乎总是不小心弄伤家里的宠物,或是谁有一阵子喜欢收集陶瓷小猪。发现这些过往趣事会成为你们聚会时的话题之后,你们就会都更期待和彼此聚在一起释放压力,因为只有彼此才知道这些趣事的前因后果。

独生女

虽然兄弟姐妹和父亲的关系有好有坏,但好在他们能彼此理解,而如果你是一名独生女,那么你就连能理解自己的人都没有了。独生女感觉世上没有人会真正理解自己的感受,自己就像一匹孤狼。独生女可能会孤立自己,陷入自我怀疑,或因为独自一人承受失去父亲的变故而被痛苦和愤怒折磨。独生女通常性格独立,周围的人可能不会将她的自我孤立解读为求助信号,而是认为她实际上比她自己感觉的还要强大。

如果你是一名曾和母亲一起生活的独生女,你和她的关系很可能发生了变化,你可能会找他人寻求安慰、建立联系,这些人很可能和你一样在独自前行。如果感到内心脆弱,那就要让朋友、家人知道你需要帮助,还要逐渐卸下你女强人的伪装。因为你没有兄弟姐妹来分担这份丧父之痛,只能独自承受,所以你气愤是正常的。和别人说说你的痛苦,写下来也行,要把你独自承受的这一切表达出来。你会发现,别人会比你想象的更能理解和同情你。

继父与重组家庭

有一半的离婚女性会在离婚后的5年内再婚。失父女儿很可能会有继父,甚至会有继兄弟姐妹,这就给她的人生增加了一个新的潜在变量。重组家庭可能会被证明比原生家庭更有挑战性。研究表明,在结婚后的头儿年中,重组家庭的压力最多会是初婚家庭的3倍。

大多数人在离婚后都似乎认为自己在下一段婚姻中会做得更好，但结果是二婚、三婚的结局和初婚的结局并没有什么区别。如果已经下了功夫去解决导致初婚家庭失败的问题，那么重组家庭时更可能会做出更好的选择，建立更健康的家庭关系。但如果仓促再婚，或者没有正视和解决失去父亲带来的情感问题，那么未来重组家庭可能会重蹈覆辙。

　　重组家庭之后，失父女儿的脑海中会出现很多问题。现在家庭中有了其他成员，她会受到多大的重视呢？母亲会变吗？她能信任谁？继父对她和这个新的家庭有多大权力？她的生父会怎么样？如果有继兄弟姐妹，可能会出现复杂的手足相争情况，因为大家都想维持自己重要的家庭地位，或者成为家里的重要一员。

　　重组家庭的主要挑战就是调整每个家庭成员的角色。你可能不清楚未来在家中自己会是什么样的角色，而且接受继父的调整过程可能也会让你不舒服，尤其是如果你还在为生父的离去而悲伤的话。也许你会随继父的姓，或是你被告知要以不同的方式行事；也许你注意到了家里的某个孩子会受到偏爱；也许你觉得继父很好，但却不知道如何让他进入你的生活，因为你仍然想念你的生父。

　　42岁的安娜回顾了小时候自己突然有了继父的感受，还有这对于她来说有多么费解。

　　"我4岁时父母便离婚了，母亲得到了我和妹妹的监护权。父亲搬到了另一个州，我还记得当时母亲一边工作一边约会。我和妹妹一年见父亲两次，但不见面的时候我们没有什么交流。我刚过完6岁生日，母亲终于还是再婚了，因此我们还多了一个弟弟。我的继父杰克说得很清楚，他更喜欢自己的儿子。事实也确实如此。我们都明白自己不是他亲生的，尽管我很想做继父的宝贝女儿，但是他从未这样对待我，我们之间一直有距离。我们都明白，弟弟才是他的亲生骨肉，而我们和他并非血亲。母亲一直试着让这个家庭表面上看起来很好，但在内心中，我和妹妹感到被拒绝。在成长过程中，我们和继父一家有很多故事，而且，我爱他们，因为是他们让我终于有了一种归属感。但事实上，我跟他们并不是一家人。我一直知道自己和所有继堂兄弟姐妹都不是真正的亲戚，所以我一直有这样一种空虚感。

我从未见过生父那边的家人，而母亲那边的亲戚一直住在另一个州，因此现在这个家庭便是我的全部了。

"继父对我和妹妹的惩罚会比对弟弟更严厉，还说要怪就怪我们是女孩。我记得我和妹妹越来越恨他。我们尝试了几次离家出走，但一找到我们他就会拿鞭子抽我们。杰克并不完全愿意做我们的父亲，最终他们离婚了，这个家庭碎了一地，只留下我们来收拾残片，我从未和他有过真正的感情。"

尽管有的重组家庭会出问题，失父女儿不得不调整自己，但如果时机和爱都合适，重组家庭的情况可能会相当不错。如果你母亲努力过，她就会有意识地先治愈好伤口然后才再一次尝试婚姻。如果她恢复得不错，同时教你如何变得坚忍，并为这个家挑选了一个合适的人，那么这对你而言也是一件好事。我们听过许多失父女儿说起继父给她们爱，保护并接纳她们，填补了她们内心的缺口，让她们的生活变得更好了。通常来说，继兄弟姐妹、同母异父或同父异母的兄弟姐妹能变得像和亲兄弟姐妹一样亲近，这是极大的福气。如果有这样的重组家庭，且家庭成员都决定要对此感恩，那么对这样的家庭而言，各个成员的伤口就会很好地愈合，并且彼此亲近。有时，对于失父女儿而言，得到一位继父会成为其一生中最美好的事情之一。

18岁的泰丝回忆道："我记得母亲开始和继父约会时，我感觉自己就是个电灯泡。生父在我出生后就离开了，这之后，在我生命中的大部分时间里其实都只有我和母亲两个人。快进到12年后的今天，继父就像是我最好的朋友。我第一次伤心时他陪伴着我，之后还教会了我开车。他教会我最重要的一件事就是我值得被珍惜。我知道他会一直对我好。现在，我明白没有他就没有现在的我，他是我生命中的一束光。"

(外)祖父母、叔伯、姑姊

许多失父女儿是由亲戚抚养长大的，出于无私的爱，他们决定承担起这份责任。如果你就是由亲戚抚养长大的，那是尘世中的你遇到了天使。

24岁的塔梅卡说："我的祖母抚养我长大。我的母亲很爱我，但是她有成瘾问题，很难戒掉。父亲知道祖母一直养育着我，但他从没有来看过我一眼，甚至连一张生日贺卡都没给我寄过。我在青春期时有许多问题：滥交、在外聚会到很晚。我的祖母常说：'塔梅卡，你又不傻，就别做傻事了。'她是对的。我最终积极行动了起来，考上了护理学院。我自食其力，大学整整4年我一直在做一份全职工作。有一学期，我实在付不起书本费，我拼了命地加班，但还是差500美元。祖母的身体不好，所以我不想问她要。事实上她全靠(美国)社会保障金维持生计。我实在没有别的办法了，就联系了父亲，大概一周后他终于接了我的电话。'我没钱。'他说道，也没问我过得怎么样和我的学习情况怎么样。他一如既往地让我失望了，我好像只是他的一个普通朋友，而非他的亲生骨肉。

"后来，我以优异的成绩毕业了，还长了眼袋。祖母已经行将就木，但仍想参加我的毕业典礼。那天早上，我开车去乔治亚州接上了她和姑姑，然后一起回到了克莱姆森大学参加毕业典礼，没有迟到。那天，我们在一起的时光特别美好，祖母十分为我骄傲。大概一个月后，她去世了。葬礼上，我看到了父亲，他逢人便说他有多为我感到自豪，就像他养育过我或是大学期间帮过我一样。我将他所说的告诉了姑姑，也说了我找他要钱，希望他能帮我，但他说自己没钱的那件事。我一直以为他几乎没有钱，可能生活条件比我们还要差很多。姑姑却说：'其实，亲爱的，你爸不穷，他只是人不行，他一直都很自私，现在也一样。他是工厂的工头，一年大约能赚6万美元。'

"我十分生气，走到他和他朋友跟前，打断他们说：'你真该为你自己感到羞耻，还在这里装得自己像个好父亲。我能有今天和你没有任何关系！全靠祖母，她退休后依然打工资助我，但你赚了很多钱却甚至从没给我买过一双鞋！'在祖母家大闹了一场，我并不感到光彩，她不是这样教育我的，但对父亲说的每一个字我都不后悔。"

塔梅卡和许多失父女儿一样，是由（外）祖母、姑婶、叔伯等亲戚抚养长大的，他们不嫌其烦，让这些女孩过上更好的日子。我们为这些亲戚喝彩，是他们培养了坚强的失父女儿们，这是多么伟大的爱啊！

对于有些失父女儿而言，亲戚则在她们的生命中扮演了不同角色(或者根本不扮演任何角色)。在一些案例中，母亲那边的亲戚非常看不起女儿的父亲。他们目睹了她父母间的不健康关系，想让她过得更好。这种情况下，亲戚们会在女孩面前批评其父亲，而这会让两方关系一直紧张下去，可能让所有人都不舒服。他们的辱骂在继续，而夹在这棘手情况中间的则是女儿。即便父亲在私生活里做得有不当之处，整个家庭也不该把孩子强行塞进他们的恶语和她对父亲的爱之间。对女儿而言，重要的是父亲的爱、保护和陪伴。

29岁的伊娃同意这一点。"一直以来，我都能听到我姨妈没有任何顾忌地对我妈说我爸是一个'没用的混蛋'。我知道她看不上我爸，也明白其中缘由，但他还是我爸啊。最近，我告诉我姨妈，她老这么说我都听烦了。"

现实是，即便有时你不喜欢家人的所作所为，但你还是可以爱他们。你要用真诚、尊重和感恩来保持自己在家庭关系中的健康角色。另一方面，如果你与家人关系疏远，你可能会感觉少了点什么。你想要他们出现在自己的生活中吗？你有疑问吗？或者，你已经不再纠结谁是自己真正的家人了吗？你是否想重建家庭关系、填补空白，这取决于你自己，你需要什么只有自己清楚，要相信直觉。如果有什么重大的事情该来，那它就还是会来。

第五章

婚恋关系

阻碍我们的并非不曾得到的爱,而是失去了的爱。

——玛丽安·威廉姆森(Marianne Williamson)

我们都渴望爱与被爱。大多数失父女儿都觉得，与其他人相比，在爱与被爱的过程中，自己曾不得不去遭受更多痛苦，因为……她们可能确实遭受了更多痛苦。虽然爱并非易事，但一旦有了爱，你以后都能快乐地过日子，只是可能需要一点自省、理解和时间。首先，重要的是要后退一步，意识到随着你在这几年里发生的变化，你对爱的理解也变了。事实上，在人生的不同阶段，你的需求变了，你渴望的爱的根源也会变。和5年前、10年前相比，现在的你最看重什么？友谊，安全感，亲密关系，父爱，还是浪漫爱情？时间久了，你的价值观发生了怎样的变化？

女儿需要父爱，父爱让女儿知道自己与男性亲近和被男性接纳是什么样子。女儿在成长的过程中，渴望得到父亲无条件的支持、保护和指引，这样她便能自信地去探索这个世界。成熟后，我们渴望得到伴侣的爱，他应该像一个好的父亲一样，无论情况如何，我们仍爱着他，他也会这样爱我们。

找到那个特别的人会给我们一种认同感，认为自己值得被爱。最美好时，爱很治愈、很美；但最糟糕时，爱会变得难以寻觅、支离破碎。我们所有人都努力想要得到爱，对失父女儿而言，看到它从指间溜走时，能让我们像丢了魂一样。对失父女儿而言，真实、诚实、一起走到最后的爱好像仍然是一个传说。她们想从父亲、伴侣身上得到无条件的爱，但这两种爱一样吗？来自伴侣的健康的爱是什么样子？可能只是因为男性会让我们紧张，这种紧张情绪又妨碍着我们，阻止我们去发现是什么爱。

寻爱

想想你这些年来的恋爱经历吧。回顾第一次感到心碎的时候，试着回忆自己当时感受到何种情感、为何如此。你当时感到孤独还是感到有人支持着你？你是如何重新振作起来的？比起身边其他女孩，你是否觉得自己容易受到更大的影响——好像自己都不能重新振作？心碎时哭泣是青少年生活中的一部分，但对失父女儿而言，分手后那种心碎的感觉可能是毁灭性的。如果女儿已经失去了父亲，她就知道被人拒绝和失去的滋味，而大多女孩都不知道这种滋味。她不会继续前进，只会在原地停滞不前，认为分手再次证明了自己没有价值，失去是必然的。失父女儿可以在家人或朋友的陪伴下获得帮助，度过这一段艰难的时光；如果你认识到了可以这样做，你便能朝着健康的方向发展。如果把自己孤立起来，认为自己一文不值，甚至开始有自残的想法，那可能是因为你生命中少了本应照顾你的人。那么你是怎么让自己重整旗鼓的？你真的重整旗鼓过吗？一路上，你碰到了很多事情，有些你吸取了经验教训，有些则没有，而要看明白这些，关键是了解生命中的这些模式。请花点时间了解一下过去的自己，以及自己是怎么变成今天的样子吧。

　　失父女儿的主要特点就是害怕被抛弃，因为对她们而言，得到爱后，爱也不长久，而且身边的人会离开自己，这些对她们影响重大。而她们一旦和别人亲近了，立刻就会感到恐惧。就因为有人嘴上说爱她们，但这并不代表他/她会陪她们一辈子。在这一方面，失父女儿与她们的大多数朋友都不同，因为失父女儿的情感防御机制会开始起作用,恐惧也会涌上心头,防止她们再次受到伤害。

心碎时,拥有健康父女关系的女孩能在父亲的怀抱中找到慰藉:父亲会在身边安慰、鼓励女儿,让她明白,并非每段恋爱都是真爱;父亲可以用自己的行为向女儿展示真爱看起来是什么样子。但失父女儿没有父亲示范什么是恰当的行为,因此被人拒绝时,失父女儿会感觉自己被抛弃,可能很快就会因此崩溃。爱消失了,她也不知道自己能否再次得到爱,即便再次得到,也不知道那份爱能否长久。

花点时间认真思考在失去父亲前前后后这段时间里你学到了什么,想想当时学到的东西在怎样逐渐影响着你的人生,在下面表格中列出你当前的应对方法会有所帮助。面对恐惧、分手、争吵等,你会如何应对?在每个应对方法旁边写下你是怎么学会去这样应对的。是什么或是谁教给你这是一种正常合理的应对方法的?请开始思考哪些方法对现在的你有用,哪些没用。要诚实地面对自己。

经历	应对方法	行为根源	是否有用
恐惧			
分手			
喜欢			
争吵			
威胁			
拒绝			
爱			

和最好的朋友分享这个表，问问他或者她是否赞同你所填的内容，这样做或许会对你有所帮助。朋友的看法可能非常具有启发性。请朋友帮助你，让你对自己的不良应对方法负责，并学习新的应对方法，如坦诚沟通、听听故事的另一面是什么样、用日记记录你的情感、冥想、通过运动卸下压力，或者和朋友建立良好关系。这些方法能够扩展你的生活，我们在下一章会进一步探讨它们。

性行为

我们可以尝试避免受伤的一种方式就是控制自己的身体。《父亲在哪儿？离婚、单身和丧偶的母亲如何能提供父亲不在时所缺失的东西》(*Where's Daddy? How Divorced, Single, and Widowed Mothers Can Provide What's Missing When Dad's Missing*) 一书记录了1994年的一项重要研究。研究中，克劳德特·瓦西尔-格林 (Claudette Wassil-Grimm) 发现和父亲没有接触的女孩，特别是青春期的少女，在和男性建立长久、亲密的恋爱关系时会遇到种种困难。她们要么在性方面很放纵，要么完全回避男性。她们经常感到自己迫切地需要男性关注，因为她们之前没有学过如何与异性互动。这种需要之中还有着对男性的不信任和在他们身边时内心的不安，这会进而产生不满情绪和自我批评。这些失父女儿在恋爱时倾向于渴望得到对方认可，但又不那么想给予对方认可。这会在亲密关系中导致明显的恶性循环。

失去父亲对女儿日后生活最大的影响之一是她会用性行为来应付失去。由于这一点在很多方面都会有所体现，所以它会对女儿的发展有长久的影响。

富兰克林·B. 克罗恩 (Franklin B.Krohn) 和佐伊·博根 (Zoe Bogan) 表示，相较其他女孩而言，因被父亲抛弃或父母离婚而失父的女孩和男性肢体接触更多。这可以被认为是一种应对机制，用来弥补父亲缺位的空白。另一方面，因父亲离世而失去父亲的女孩往往更害怕男性，寻求男性性关注的倾向也更低。这两种情况都无法促进健康的性观念发展。28岁的珍在3岁时父亲就去世了，她说她真的不明白该如何明确表达自己的性需求。珍认为如果没有感到情感依恋，那么她在性方面就会更放纵。

珍表示："刚接触时我可以表现得有诱惑力，但当我和对方产生情感联系时，我就会立马在性方面变得正经起来。"珍不仅不知道如何建立健康的男女关系，还学会了通过性回避来保护自己的情感。珍有对亲近的需求，但和许多其他女性一样，她认为自己会因此变得太过于脆弱，所以选择退缩。

斯塔尔，36岁，父亲曾是个工作狂，她对性的态度截然相反。斯塔尔每认识一个男人，就会追求对方并与之发生性关系。斯塔尔接受在任何地点以任何方式发生性关系，毫无界限可言。她渴望得到关注，这能让她短暂地感觉到自己有价值。孩童时期斯塔尔就明白，自我价值感转瞬即逝，她必须非常努力才能在自我价值感消失前再次得到它，所以她一直很努力。尽管在肉体关系中斯塔尔有一种征服的快感，感受到了自我价值，但这种感觉很快淡去，之后她只会更加空虚。斯塔尔花了很多年时间，犯了许多错误，才意识到自己在对自己做些什么。多年的自我改正后，斯塔尔最终找到了一份原来一直就在她眼前的爱情。

想要知道为何失父女儿在性欲方面会出现两种极端，那就得追溯她们是如何吸引和获得爱的。这也与父亲在身边和离开时给女儿的感觉有关。你可能有一些需求亟须得到满足或保护，于是努力填补内心的空虚或是孤立自己。从某种意义上说，失父女儿在内心中还是个小女孩，在亲密关系中她们会用躲避和恐惧指引自己做出决策。诚实面对自己时，失父女儿需要时刻知道自己在感情中处于什么位置、现状如何。如果失去父亲的痛苦给你造成了创伤，你便想要保护自己，再也不要有这种感受。

许多失父女儿想知道正常的父女关系看起来应该是什么样子的。你只知道自己遭受了失父的痛苦，但是不知道这对你的影响有多大——你只知道自己失去了父亲。好消息是，你现在开始认识到在自己过去的亲密关系中一直出现的问题。只有先意识到问题,才会努力解决问题。

父女关系

研究表明,失父女儿在如何处理男女关系这个问题上会感到难以理解的不适。她们可能会将自己不曾有过的东西理想化,幻想有一个完美的父亲。和异性交往时,失父女儿往往拿不准对方到底是什么样的人,但在这种不确定之中,她们又特别渴望和对方建立联系。失父女儿会想知道成年男性到底是什么样的,我们应该给予彼此什么,什么能激励男性,自己的界限应该定在哪些事上。失父女儿不知道如何找到这些问题的答案,还假定自己关于爱与失的经历会重现。失父女儿重复着这种不健康的吸引感情的模式,经常最后只会一次又一次地将心中消极的观念转化成现实。

对在孩童时期或青少年时期失去父亲的女儿而言,这种对恋爱的困惑再正常不过了。以下是一个经过整理的清单,内容是研究人员发现的组成健康父女关系的重要部分。格林-瓦西尔 (Grimm-Wassil) 认为：在孩童成长的这些特定领域中，父亲的影响是最大的。

● 父亲鼓励女儿独立。父亲通常不会像母亲那样保护女儿，会鼓励女儿去探索、尝试。

● 父亲是教会女儿坚定自信、参与竞争的主要榜样。

● 父亲能开拓女儿的视野。父亲手里有资源、工作、活动，能够使女儿保持与外界的联系。

● 父亲作为家长，也能抚养孩子。他们能够减轻母亲的压力，在母亲忙时搭把手，从而提升母亲对孩子抚养的质量。他们能帮忙解决危机。

● 父亲的管教通常更严格。在女儿的成长过程中，父亲往往很少相信她的借口，同时对她的期望更高。

● 父亲是男性——阳刚的榜样。他们教女儿懂得尊重和界限，让女儿能和在她生命中出现的其他男人舒适相处。

研究表明，女儿需要了解以下这些：男人真实的样子、男人应该如何行事、男人的真正需求和男人普遍的思维方式。我们的研究对象涵盖有父亲陪伴的女儿和失父女儿，从其中我们整理出了以下清单，内容是从好父亲那里女孩需要获得什么。

- 安全感：情感、金钱和身体上的安全感。
- 通过观察父亲与母亲的相处，理解男人如何对待女人、如何爱女人。
- 职业生涯、未来抱负、财务管理等方面的经验与教训。
- 帮助女孩在阴柔和阳刚的自己之间找到平衡——让她知道什么时候要发声，什么时候该小心，什么时候要勇敢。
- 树立一个理想且女孩想嫁的男性榜样。
- 知道和男性之间自己需要设定的身体和亲密界限。
- 在父亲陪伴着的时光中得到的自我价值感。
- 保护——知道生命中有一位真正的英雄会为自己而战。
- 通过喜爱、认同和鼓励的话语培养出的自信和自尊。
- 坚持不懈，学着即便事情变得困难，也要坚持下去，并且建立自信，让自己永不放弃。

如果你在和父亲相处的时光中学到了其中一些宝

贵经验，那你就收到了一份礼物。而如果没有，你可能会默默生气，气的是他不愿意或者不能给你你所需要的东西。隐藏的愤怒是失父过程的一部分，而通过直面、承认这份愤怒，你可以继续前进，得到你应得的爱。

恐惧、愤怒和怨恨

如果爱情一直失败，你会感到沮丧或迷茫。在我们的研究中，我们听到女性谈论最多的情感之一就是在婚恋关系中感到的痛苦。她们分享得越多，就越能意识到这种痛苦最常见的根源：愤怒和恐惧。失父女儿认为自己无法处理这些困难情感，因此通常会尝试逃避或否认它们。失父女儿可能成为装自信、装勇敢的大师，但当恐惧战胜了她们，而且她们心理防线暂时崩塌的时候，她们也可能表现得不理性。

愤怒和恐惧或者二者其一可能是你行为的根源。让你生气或害怕的经历会引发情感旋涡。你可能迷失在这个旋涡中，意识不到自己的不理性不断重复的模式：感觉→思考→相信→反应→感觉。如此反复，所以你可能做傻事。你可能感觉面对正在发生的事情自己并没准备好，而你的非理性思维会掌控你。25岁的斯隆承认：她会每隔一个小时就开车去看在男友说会在家的时间他是不是真的在家。我们中大多数人都做过傻事。朋友们摇头，因为——没错，我们又做傻事了。坦诚时刻，朋友们可能和我们直说，告诉我们又做傻事了，或者男友会成为那个这样说的人："你需要看心理医生了！"

有人跟你说过这句话吗？你有没有被激怒？谁愿意去配合心理治疗这种苦差事，还要暴露自己的过去。你可能觉得你没有责任在同一个沙发上连续坐几个小时，解决那些并非由你带来的自身问题。你可能还没意识到你没解决的失父问题正在引发你当下的问题。这得回到你以前过时的恋爱应对方法上。你现在已经学会了如何照顾自己，对吧？你可以自己解决问题。也许你的确可以独立解决，但你也可能需要一些外部支持和深刻见解。

每次有人建议你去接受心理治疗时，你就可能生某人的气或者害怕某样东西（让你去寻求帮助的人，并非那个即将变成前男友的人）。这不是他的错。你在生父亲的气，也可能在生母亲的气，甚至可能在生继父的气。你只是厌倦了愤怒、恐惧和如此强烈的焦虑，甚至有时候你自己都不认识自己。

愤怒和恐惧的根本原因可能是失去了父亲。你失去了知己、保护者，可能还失去了部分童年。你受到了创伤。失去父亲是一件影响很大的事情，悲伤也随之而来，而悲伤经常会通过愤怒表现出来。

在悲伤的过程中，愤怒伴随我们的时间往往最长。尽管愤怒不能让人感到满足，但它能给我们壮胆，而且比起伤心的情感更能让人感到安全。我们可以责怪某个人，可以仍然扮演受害者，还觉得有权利用行动宣泄情感。我们感觉到自己在某种程度上还控制着局面。婚恋关系中，通常是不正常的婚恋关系中，我们可以用不理性的方式通过行动宣泄悲伤，有时我们会做一些事，对，一些傻事，让本能反应占了便宜。

尽管在和女性朋友一起大笑着的时候，有些傻事会让我们忍不住把嘴里的鸡尾酒喷出来，但其实每件傻事的背后都有一种根深蒂固的情感被触发了。

我流产了！

33岁的玛拉告诉我们：

"我在迈阿密遇到了我的梦中情人。他和那个即将成为我前夫的男人截然不同。他身边围着一群打高尔夫球的朋友，他魅力十足，帅得让人神魂颠倒。我无法自拔，被他深深吸引，就像飞蛾被火吸引一样。当时一整周我们都形影不离。

"办完离婚手续后，我搬到了他住的城市。我们的恋爱期过得并不容易。他有很多情人，还玩弄女性，但我当时认为自己能掌控住他。我们断断续续地约会了6年，我知道他爱我，他也出过轨。种种迹象都摆在那里，我能感觉到情况的走向正在发生变化，他想要离开我。尽管当时我本不必说得那么清楚，但是我不想再一次被我爱的男人抛弃。

"于是我做了这么一件傻事：为了阻止他和十多个朋友踏上高尔夫球之旅，我对他谎称我好像流产了。我给他打电话——注意，还是在他工作的时候——告诉他务必取消这次旅行，因为我太害怕了，没法一个人待着。

"最终，是我俩的分手让我接受了心理治疗。在治疗中，我直面失父问题。我如今成了我早该成为的那个女人。我将我的恐惧收进了一个小盒子里，我之后嫁的那个男人知道我恐惧的内容，帮助我收起了恐惧。"

半夜从加利福尼亚赶到拉斯维加斯！

36岁的贾斯敏告诉我们：

"对象出轨后，我就和他解除了婚约，之后就开始和迈克谈恋爱。一开始，我俩在一起只是为了开心。时间久了，我无可救药地爱上了他，也可能是因为我无法吸引住他的这个事实。我父亲玩弄女性，还是个职业赌徒。而我也发现不成熟的他和我父亲有很多共性，如就在我和迈克严肃讨论未来时，他突然做了一件出乎意料的事，接了一份在拉斯维加斯的工作。在开始的几个月里我们试着异地恋，可还不到一个月，周末我给他打电话他就不接了，之后就会说自己睡着了或者手机没电了。

"然后我就做了件傻事。一天晚上，我十分生气，决定半夜从加利福尼亚的家开车到他在拉斯维加斯的房子那里。我每开一英里，就越发生气。最后终于在凌晨时分到了那里，开始捶他家的门。明显他不在家。他撒谎了，对我说他要早睡。我想办法进了他家，开始四处探查。我在浴室里发现了女生用的卷发棒和洗漱用品。我崩溃了，控制不住地抽泣了起来。他为什么要撒谎？为什么我生命中的所有男人都骗我？

"等着堵他的时候，我睡着了。他一直没有回来。我留下了一封信，告诉他永远不要再联系我了。他的背叛让我感到无助、抑郁，所有痛苦都让我回忆起被父亲抛弃。我暂时不再谈恋爱，最终接受了朋友的建议。对于我来说，在心理治疗上花钱花得最值。"

分享这些故事时，我们希望你能明白，愤怒就是恐惧的伪装。一直以来你真正想要的东西是爱。你不傻，你只是害怕再次感到被抛弃。你会爱得很深，而正因为你的经历，你现在是一名强大、有韧性的女性。忠诚、有智慧的你终有一天会成为一个绝佳的伴侣。

你现在不再是那个迷茫的小女孩了。你能拥有一段健康又充满爱的恋爱关系，但要先做一些准备工作。首先，你可以回想一下自己真正想要什么。接着开始寻找那些过着你理想生活的人，他们就是你的好榜样。你是否认识某个在恋爱中看起来一直很自信、一直不受伤害的人？你是否好奇，有的女性一个人过，怎么看起来也还好呢？请她出来喝杯咖啡，问问她怎么处理难题，还有她会对自己说什么。你羡慕谁的婚恋关系？你认不认识幸福又恩爱的情侣或夫妻？如果认识，就和他们聊聊吧，问问他们各自的一些想法：他们怎么相爱的？怎么维系感情的？对他们来说，尊重意味着什么？出现分歧时怎么解决？开始盘点一下吧，想象一下你以后的幸福生活是什么样，它正在靠近你。把所有这些答案藏进自己的工具箱。通过获取智慧，你会一天天变强大。

你的恋爱定位系统失灵了

获得一段健康的婚恋关系，并不像重复父母曾经做过的或对或错的事情那样简单。你需要的远不止这些。你不仅要了解父母的恋爱史，也要看看自己的。你的恋爱模式大概是怎样的？有哪些模式一直不奏效？什么是你想要但没有得到的？

　　一直以来，你找的都是错的人，而且自己一直很挑剔，你可能厌倦了这两点。你可能觉得，自己必须永远都要尽可能地外表光鲜、保持好身体状态，当别人对自己微笑时还要用微笑回应，并且接受相亲，即便是在你只想穿上一身运动装、点一份比萨的时候。我们来就是要告诉你，从跑步机上下来吧，给自己一些时间，暂时休息、放松一下。你的身体、大脑、精神需要一场泡泡浴。深呼吸，沉下去，然后你会知道自己的"系统"就要重启啦。我们认为你的恋爱定位系统短路的原因是，你没学过怎样才能与异性维持一段互相支持、彼此忠诚的婚恋关系，因为父亲没教你该怎么做。你的恋爱定位系统只调到了几种错的频率上，错的人无法给予你你所需要的。知道你在哪些地方容易偏离正轨能帮助你在将来做出修正。

普通男人、好男人和坏男人

　　你们之中有多少人找了一个普普通通的男友，只是为了避免孤单？失父女儿愿意去爱，只是不确定该怎样去爱。当你得到一份爱，你就会给出一份爱，即便这个过程很短暂。你渴望那种联系和认可。我们中很多人都觉得如果我们选择了大家口中的好男人，那么我们就选对了。确实，好男人是很不错的，但一段感情要想长久，你必须也爱他的内在，而不单单是喜欢他的外在。这就是你觉得自己应得的吗？没有感情火花，只有粗茶淡饭；没有激情，只是有人一起说说话。让谁进入你的生活由你决定。

许多失父女儿说在她们被坏男人伤害过后需要疗伤时，就会选择好男人。她们心碎了，发誓绝对不会再和坏男人有一点关系，所以就开始寻找好男人。失父女儿在做选择时容易走极端。当你的童年充斥着那么多的起伏，极端也就会让人感觉正常了。

31岁的帕姆说："我将我的第一次婚姻看作大学新生都会长的那20磅（约9千克）体重。我那时只有22岁，他是我的第一份真爱，一名基督徒，住得离我很近。我们订婚的时候，我知道自己还太年轻；我害怕，害怕自己会放手，害怕一直和他在一起，也害怕离开他。我嫁给他是因为我当时回不了家。父亲早早就去世了,母亲搬到了她又一位男友那里,所以我在家就待不下去了。贾森的小公寓成了我的避风港。在我完成法学院学业期间,他一直在照顾我。当我在图书馆看书到很晚回到家时,他会给我的脖子做按摩;当我因流感卧病在床时,他会给我端来一碗鸡汤。但问题是,蜜月还没结束,我们两人之间的火花就早早熄灭了。我最终出轨了我的法学教授。我一直感到自己对待第一任丈夫的方式很糟糕。事实上,我当时一点儿都不知道自己怎么回事。"

也许你已经感觉到自己正身处一段(或者四五段)糟糕的感情之中,而选择开始这(几)段关系仅仅是因为你无法忍受孤单。你完全不知道怎么选真命天子,但是你已经是挑渣男的老手了,同时你最大的恐惧是孤单。不要陷入一段你不被尊重、珍视和保护的感情中,好男人可能非常不错,但不适合你。

27岁的格蕾塔已经数不过来前夫出轨的次数了。他们曾经疯狂地爱着对方,然后20岁出头两人就结婚了。起初,两人怎么腻歪都不嫌多,但是6年之后,她发现原来他对其他女人也是如此。即使在极不愉快的离婚后，她还是难以释怀。就像她又从头经历了一遍失去父亲的痛苦，所以自己过去遭遇背叛和抛弃的情感再次全部涌上心头。是的，她犯傻了。最终，她发现自己一次又一次地与前夫发生关系，但她没有想到的是，他已经再婚了。把这件事情如实告诉朋友们之后，她才醒悟，朋友们还让她保证不再和前夫来往。她听进去了，并开始控制自己。"我在手机通讯录里将他的备注改成了'撒谎、出轨的蠢货——别接'来羞辱自己，让自己不要去接他的深夜来电。这个方法很好，之后每次他在想找个女人的时候打给我，我都会被备注逗笑。对我来说，是时候去寻求一些帮助，变得更强大，不再让他掌控我。所以我就这么做了。"

只有了解了真正的自我，你才可能选到真命天子。而对你来说，这可能是个完美的成长时机，并先成为自己的真命天女。甚至你可能发觉自己独自旅行一段时间也过得挺好。如果你选择用独处的时间来提升、了解自己，那么你就可能处于迄今为止最有益健康的状态当中。如果你已经有了结论——婚姻并不适合自己，那么它可能就是不适合你。要相信自己的直觉。不是每个女性都渴望拥有彼此忠诚的伴侣关系。要知道，在你其他的亲密关系中，你的一些问题必然会再次出现，所以在社交生活中，要留心反复出现的问题，即使你现在不考虑结婚。

在接下来的部分里，我们会讲到失父女儿的一些典型恋爱行为，这些行为让她们无法与合适的伴侣真正地建立良好关系。

拉扯

一旦你与男友相处时感到不舒服，你就会抢在他之前和他说分手。讽刺的是，你真的只是想让他站起来、追上你，并为这段感情再努力。你想要被选择。父亲离去了，你过去只是思念他给的这种感觉，但现在你对此渴望。你一定要小心，不要让自己习惯了受害者的角色。

如果伴侣爱你，那么你的故事会帮助他理解你的痛苦并赞赏你的坚忍。如果你没有从他那里感受到对你的尊重和赞赏，那就是哪里出了问题。你是否没有认真对待感情，而且会让伴侣在嫉妒和恐惧之间来回拉扯呢？这样的情况合理吗？这真的是你应得的吗？是因为父亲曾经的所作所为所以你才测试他的吗？而如果你的感情状况良好，那就去好好思考一下自己的情感并坦诚一些吧。爱他的正直，让他知道你感激自己的生活里有他。请他给你自我治愈的空间，并让他明白这不是他的问题。告诉他，他需要再次向你保证他忠诚于你。承认自己的恐惧，同时在克服恐惧的过程中要他对你表达爱。

黏人精

你黏人吗？除了不想孤身一人以外，你就没有别的坚持一段感情的理由了吗？那你可能已经和同一个人分手过无数次了。从你最好的朋友到你的精神导师，他们每个人都建议过你应该放手，但你不会。

42岁的辛西娅说："和道格第三次约会后，我就知道他不适合我。他有所有让我抓狂的怪癖，但他的外在条件非常不错，所以我一直试着让这段感情继续下去。后来发生了一件我无法想象的事情，让我彻底失控。我在他的电脑里发现了他与另一个女孩的一连串邮件，里面说的是他有多么喜欢周末与这个女孩的性爱时光。我完全崩溃了，给他写了恶毒的留言，告诉了我俩共同的朋友他是一个人渣，我甚至给那个女孩发了封邮件。然而在那之后，我突然更想得到他了。

"我们复合了，我迷恋上了他，我想让他爱我。最糟糕的是，我们的关系完全变了，他对我来说成了一个彻头彻尾的混蛋，但我还是放不下。我给他的爱更多了，并开始尽我所能去哄他开心。而他则变得越来越不为所动，但这只会让我更加努力地去向他示爱。之后的一年，我们每隔一周就会分一次手。情况一团糟。现在我清楚地知道，这一切真的就是因为我害怕遭到背叛，而这一点是因为我的父亲，但当时我并不明白这一点，只是非常生父亲的气。

"我的每个朋友都跟我说过这样的话——'姑娘，你必须让他滚出你的生活！'，但我做不到。即便我知道他不是我的真命天子，但好像那份过去的恐惧还是像猛兽一样突然爆发了，是那份自己没被选中的恐惧。我过了很长时间才不再犯傻。最终，他娶了另一个女孩，也就此结束了我们的关系。在他婚礼的晚宴彩排期间，我俩还在互发短信。这有什么可惊讶的吗？我真的用了很长时间才吸取了这份教训。"

黏人精通常表现为，对方很多年没有向她许下诺言，但她却紧抓不放，一直和他恋爱。为什么呢？答案很简单。她内心的小女孩仍举着手小声在说："选我，选我。"如果父亲以前没有选择你，你必定会下定决心证明给自己、给父亲看，有人会选择你。其实恋爱阶段应该算是有意思的，难的在后面，因为孩子、年龄以及生活中的坎坷。但是如果身边有一个完全忠诚于你的伴侣，你就可以安然渡过难关。

被与父亲很像的人吸引

我们害怕被抛弃，需要感到自己很重要，这两点似乎驱使着我们去选择像父亲那样的人，让他成为我们生命中下一个男人。如果你走进一个有100个男人的房间，你可能会选择那个最像父亲的男人。你或许没有意识到这一点，外在方面他可能看起来不像你的父亲，但是他的举止、爱好或生活方式可能会非常像，这不会是巧合。

你是否因为父亲是一个工作狂，所以决定要嫁给一个外科医生，因为你潜意识里知道他会忙工作而一直不回家？或许父亲以前非常关爱你，每周都会为你的车加满油，所以你会找这样的对象，他会送你礼物并关爱你。又或许父亲因在外追求其他女性而经常不在家，所以你嫁给了一名运动员或音乐家，他一直在外，还从一开始就背着你和其他的女人发生关系。或许他和你的父亲年纪相仿，可能会像你父亲原来那样照顾你，也可能不像。如果你没有意识到自己在和一个与父亲有相似特征的人谈恋爱，还执迷不悟，那么这段关系就可能如你潜意识里所预见的那样，他最后会像父亲一样离去，给你带来莫大的痛苦。另一方面，如果你根据父亲的优点来择偶，那方向就对了。在选择一段对双方都有益的感情时，你要仔细了解对方，也得认清自己。

前任囤积狂

很有可能你的前任已经可以排成一条长龙了,而且总有这样或那样的原因让你放不下他们。你宁愿将崭新的奢侈品包包泡在柏油里,也不愿意把他们的联系方式从手机(或其他地方)里删除。你这么做单纯是因为这能让你感到安全。实际上,这不是某个或某些前任的原因,而是你的恐惧在作祟。前任囤积狂害怕失去自己的价值,害怕感情空窗期,一旦如此,她们就不得不面对失去父亲之痛。于是,她们寻找伴侣,进入一段关系,然后努力收集所有东西填补空虚。

对失败的感情难以放手的原因有很多。失去父亲时你经历了很多情感。首先,请记住,你的恋爱定位系统是有毛病的,关于婚恋关系中应有的界限和标准,你可能还没有完全理解。其次,你最深的恐惧就是害怕被抛弃,所以你会竭尽所能坚持一段让你能感觉到陪伴的婚恋关系。如果他不愿意做出承诺,你就会想方设法说服他做出承诺,因为你(以及你心里的那个小女孩)需要他的承诺,这能给你安全感,你不能没有它。

最后，独身一人也许会让你再一次觉得自己没有价值。有一个男人陪在身边会让你产生错觉，感觉只有这样自己才完整，所以你就黏着他，直到他逃得很远，任何追踪装置都发现不了他。真相是，有时放手是再次找到真实自我的最好办法。

健康分手二十步

分手可能是你生活中非常健康的时刻，你可能会对此感到惊讶。它迫使你成长，是件好事啊！没错，分手让你受伤，但是每一次分手都应帮助你改进标准，并帮助你学会如何尊重自己和他人。这些都是为了那一段合适的婚恋关系而做的准备工作。分手不应该让你的世界停止转动，而应该帮你想明白怎样才能让自己的世界变得更好。

1. 你们谈论是哪里出了问题，并互相倾听。

2. 你们尝试再一次改善关系，万一呢？

3. 你们之中的一方或双方都意识到你(们)的尝试没起作用。

4. 你分了手,也经历了挣扎,然后把这个消息告诉了你的朋友。

5. 你收拾了自己的物品,哭了起来;失去亲近的人真让人难过。你们也许会再亲热一次,但也无济于事……

6. 几天后,当下定决心要分手的时候,你就会意识到这样更好。

7. 你们互相尊重,不说对方的坏话。你们不把任何负面的、不成熟的东西发到网上。

8. 因为你们曾经特别亲近,所以偶尔还与彼此说说近况。

9. 你有时查看他的社交媒体页面,只是看看……

10. 最终,你们聊近况的频率也变低了。

11. 一开始,与其他人约会让你感觉很怪,但之后就好了。

12. 看到他和别人在一起,你会觉得不舒服,但你不会做任何傻事。

13. 当感到你们永远地结束了,你会在短时间里感到伤心、困惑。

14. 你和朋友详细讨论了你俩的事,但没有再提与他的争吵。

15. 无论是在现实当中还是在网络上,你都不纠缠他。

16. 你找到了新的事物来填补自己新的空闲时间,你也乐在其中。

17. 你的直觉告诉你分手的决定是对的,你知道现在自己正朝着正确的方向前行。

18. 撞见他时你会很客气,觉得被他吸引是完全正常的,你们曾经关系亲密,但你不会再与他有任何关联;你很清楚这一点。

19. 当得知对方订了婚、换了新工作、写了本新书、有了孩子、中了奖时,你们祝贺彼此。一开始会很难——之后,你就会发自内心地表达祝贺。

20. 回顾过去,你可能会好奇,如果当初……但在心底里,你知道事情就按它们本应发生的方式发生了。

承诺恐惧者

尽管出于对被抛弃的恐惧,你会有黏上某人的倾向，但你的心里也可能住着另一个你，那个独立的自己。当你对忠于某人感到有压力时，有一个声音就会在脑海里回响："不要屈服！不要把自己全奉献出去！你会受伤！你需要给自己留退路，这样的话，在需要的时候你就可以逃！"这些话听着耳熟吗？当然，独立的你之所以既心存恐惧又令人生畏，背后有着合理的原因。

34岁的莉萨说："我和坦纳慢慢开始谈婚论嫁的时候，我已经接受了连续3年的心理治疗。他知道关于我年轻时父亲去世的全部，并且给了我极好的支持。我们的关系在开始的前两年里时断时续，经常分分合合。我多次给他下过最后通牒。要么承诺，要么滚，他有几次选择了后者，我也没有拦他。我不会去追他或者求他回来。"

"我所有朋友都要结婚了，而坦纳甚至都不能给我承诺一个时间范围。这太让人沮丧了。我们都会和其他人约会，直到一方(通常是他)屈服了，然后打给另一方。最后，他终于给了我承诺，我们也都不再和其他人约会。之后，情况发生了转变，婚姻成为我们的目标。但当我意识到他是认真的，我却害怕了。订婚后到结婚的那一整段时间里，我一直在折磨自己：我们的婚姻会幸福吗？他真的是我的真命天子吗？仿佛当我知道自己得到他了，我就觉得没意思了。我感觉自己好像快要疯了。"

"之后我的心理咨询师与我一起来减轻我对承诺的恐惧，因为对她来说这很明显。我意识到，在我心里，结婚没意思。母亲也从未再婚。我想，对自己来说，那时候我很不愿意改变，而且单身太舒服了。我的内心在告诉我要向前走了，但是头脑中的恐惧却在让我放慢脚步。当然，归根结底这全是因为我害怕会像失去父亲一样失去他。如今，我们婚姻幸福，有了两个孩子。"

失父女儿的害怕都是有原因的。全心全意地忠诚于某个人，意味着你发自内心地信任他/她，而有了这份信任，你就会变得易受伤害。这可能很可怕，你正是出于对生存的需要而行事。你不想让自己的内心死去，所以你一直把它放在属于它的地方，保护着它，也就是说——带在自己身上。父亲走后，你的内心明白了男人会抛弃你，而且会发生得出乎意料，还会让你非常痛苦。不过，这种自我保护也有好处，即它会让你重视自己。这一点非常好。

不要让任何人因为你保护自己的内心（你最重要的东西）

而过分批评你。但最终，如果想要得到自己应得的爱，你就还是得妥协，付出些什么。你现在已经足够强大了，强大到可以充分体验爱，即感受到脆弱的同时还感受到被重视。

因为一直陷在反复出现的行为与情感模式中，失父女儿很难得到爱。在失父女儿对爱的漫长寻找中，她可能在不合适的时间与不合适的人谈恋爱，或选择忠于这个人，而这两点可能都很不让人满意。孤身一人可以既舒适又孤独。很重要的一点是要定期停下来思考：我是为了避免一个人生活才谈的这场恋爱吗？我是否在坚持着某些我并不想要的东西呢？在心里，你知道答案。你在读这本书时可能正经历着又一次分手，也可能因为婚恋关系并不在你的舒适区中，所以你一直保持单身。如果你和我们一样，为了寻找那个合适的人，你已经试过各种各样的方法了，如靠直觉、网上约会或者去小咖啡馆坐坐、聊聊天等。那个人也许就在你的面前、身后或者还在与你相遇的路上。你准备好了吗？

如果你对结婚很认真，那就去做一下自我评估吧。

要了解你想要什么，还有你需要什么。你的理想伴侣要求清单是否已经过时，是否基于不切实际的期望，还是说，你期望得不够？你的清单需要修改吗？不妨花一些时间去好好想一想你真正的需要和欲望，让自己做好准备。

坦露一切的男性

在婚恋关系中，失父女儿可能会让爱她们的男人很头疼。她们会让人难以读懂，但偶尔又对对方有许多期望。我们对一些失父女儿的爱人/男朋友进行了采访，想要了解他们在婚恋关系中的感受。我们发现他们必须发挥自己的卓越品质——耐心、同情心、力量、自信和忠诚。这就是我们爱他们的原因。

我们想说："你们真棒！"——致所有敢于坦露一切的男性。此次研究，我们有一项共识，即爱失父女儿的这些男性普遍视她们为幸存者。同时，他们还认为失父女儿是积极主动、能够将事情做成的一类人。他们爱的是她们爱则深爱、意志坚强、对伴侣忠诚的特质。

31岁的约翰认为，所有的失父女儿都需要一名可靠且足够坚忍的男性，他要能够应对一些批评。"我的妻子经常质疑我们的关系。她觉得需要批评我，并且告诉我应该如何面对她的这种需要。她确实直言不讳。我知道自己所面临的情况，因为她会告诉我一切，奏效了的或没奏效的。偶尔这会让我感觉很累，有些时候我不想被教育。"

　　几乎所有的受访男性都表示他们的伴侣有掌控的需要。"她们越是缺乏掌控，就变得越想掌控。"杰特承认。他还是众多承认在一些家庭决定上退居"二线"的丈夫中的一个。他继续说道："我不介意。我还挺喜欢她去掌控的。每周在工作中，我得掌控50个小时。有个人在家管事挺适合我们的。"

　　马丁结婚5年了，他谈到了失父妻子给自己带来的挣扎。在她的思维模式中，她总假设会发生最坏的情况。她18岁时父亲因癌症离世，之后她就非常担心家里人的健康问题。当妻子开始恐慌时，他会变得非常沮丧。"她总是看到事物消极的一面。我就是觉得她不用担心那么多，但老实说，她真的会抓狂。比如说，皮肤科医生对她背上的一个斑块表示担忧,她就因此确定自己得了癌症,但实际并没有。她一夜没睡,最终不得不因惊恐发作被送进急诊室。我在努力帮忙,但除非了解了事实,否则我不喜欢无谓地担心什么。她却总是在有事实之前就开始担心,结果把自己担心病了。那我应该做什么呢?"我们告诉马丁,因病失去父亲的女儿因为自己的经历,往往会去想最糟糕的情形。承认妻子的情感,而不是选择无视,这很重要,我们帮马丁理解了这一点。他应该让她安心,给予她支持,经受住来自她焦虑的考验。虽然马丁可以帮助妻子获得安全感,但在他们两个变得不理性、妻子的身心健康受到损害之前,还是要靠妻子自己去找时间增强对消极思维模式的意识,并提升终止这种模式的能力。在这个过程中,一个给予她支持(而不是爱批评她)的配偶会给她带来很大的帮助。

一些有女儿的男性分享了他们的妻子有多不喜欢他们经常外出。41岁的罗伯说:"我妻子坚决不让我长时间离开女儿。我过去常常趁我女儿看动画片的时候从家里溜出去跑步,妻子制止了我继续这样做。她说:

'不要在没告诉女儿你去哪里的情况下就离开她。她会哭,以为你把她丢下了。'我知道这听起来有点过分,我过去也这么想,但现在我明白了。在她上二年级的时候,她的父亲离开家去出差,但之后却因他人醉驾被撞身亡。"罗伯已经知道了,如果自己要迟到了就该打电话告知女儿。他说,他觉得自己会成为更好的父亲,因为妻子帮助他理解了他在女儿生命中的角色是多么重要。丹娜的丈夫乔恩谈到了这一点,即和失父女儿谈恋爱并结婚如何确保自己仍有能力取得成功。"她经受过重重考验,在情感上比其他女性更成熟,这意味着她对我的期望更高,她希望我言出必行。如果我们产生分歧,她希望我们能好好谈谈,马上找到解决方法。"

大多数受访男性都同意的一点是,他们的女友或妻子都极为独立。如果他是你的真命天子,那么他会意识到理解伴侣的背景、情感和需要是非常重要的。大多数受访配偶都认为,对要开始婚恋关系的男性而言,与伴侣一起讨论对方对他们的需要和期望会有好处。如果早知道妻子的触发点,那么他们便能对妻子的反应有更好的准备，并知道如何应对后果，或者更好的是，会学习如何避免冲突的发生。

韦斯和一名失父女儿结婚9年了，他表达了对自己的失望："你必须接受这个现实，你得处理过去发生在她身上的事情。那不是她的错。这些年来我发现，提醒她她这个人很难理解只会把她惹毛，这样就是没有帮助。她最需要的是被接纳，以及一个不会再伤害她的男性。我花了很长时间才弄明白这一点。多年来，我对此一无所知，还会说一些让她不高兴的话，或者忘记她需要安慰，并不知道她的痛苦有多深。

"有一天，我们吵了一架后，我觉得自己要失去控制了。她妈妈给我打来了电话，让我冷静下来，并跟我解释了一些事情。我就像突然醒悟了一样，因为她知道我妻子可能会有多么夸张，而我则愈发理解了为什么妻子会如此行事。岳母坚持说我们应该接受心理咨询，还有我不应该再认为这一切都是我的错。我必须放下我的尊严，做需要做的事情来挽救我们的婚姻。我们有3个孩子，而且我爱她。我想让这段婚姻继续下去。虽然过了一段时间我才明白，但现在，我们变得更加亲近了。"

大多数男性都同意在和失父女儿谈恋爱或结婚的时候需要做或会出现以下几点(可以把这份清单给你生命中的重要他人看)：

● 鼓励、赞美她；

● 感谢她成为你俩所有朋友的顾问；

● 如果她的父亲出过轨，她会认为有一天你也会这样；

● 如果她的父亲去世了，她会对健康问题或安全状况非常警觉；

● 她会把事情看得比实际情况更糟糕，常常预想会发生最坏的情况；

● 她会提醒你，她随时都可以离开你，所以你得脸皮厚一点；

● 她表现得好像自己能够处理一切，但她非常想要被保护的感觉，而你可以成为穿着闪亮盔甲的骑士；

● 给予她无条件的爱，她也会这样爱你；

● 拥抱她、照顾她，帮她修复破碎的心——即使她假装坚强；

● 提醒她，你不会离开她；

● 坦诚，并足够勇敢地去倾听她的故事；

● 享受这一事实吧，她是一个强大且成熟的女性，并且知道自己想要什么。

总的来说，我们发现，无论你遭受过多少创伤，那个合适的伴侣都会爱你。只管让他爱吧。他需要坚强，但不自私；保护你，但不控制你；能理解你，但不宠溺你。他不想因为你父亲在你的童年中做过或没做过的事情而受到责备。他不想当你的父亲。他想要的是爱你和做你的伴侣。他选择了你，是因为他被你的强大、对他人的照顾和恢复力所吸引，但他需要感觉到自己可以帮你愈合伤口。你应该告诉他你的恐惧及其诱因。有些人是很棒的伴侣。如果你已经有了这样一位，请感谢他吧，告诉他你有多么感激他对你的爱和接纳。

为人妻、为人母

你已经说了"我愿意"，或者可能你正在考虑是否要做出承诺。美国一项研究已经表明，如果女儿失去了父亲，身边却只有不稳定的父亲"替代者"，那么她们在青少年时期结婚的可能性要比从小在父亲陪伴下长大的女儿高出50%，离婚的可能性要高出92%。她们可能不止结一次婚，每再婚一次，就更容易离婚。

在承诺忠于某人前，失父女儿必须花时间了解自己和自己想要什么。对于我们中的许多人来说，婚姻成为我们的救星。如果你在家中感受不到爱和安全感，那么你可能选择一个你并不爱的人，只是因为他让你感受到了这两者的一些表象。

在婚姻中，失父女儿可能承担着照顾者的角色；特别是如果她在年轻时就不得不去像母亲似的照顾父亲或成为一名看护人的话，她就更会如此。她知道该怎么照顾他人，但这却让她又爱又恨。她在怨恨的同时还是承担了所有的责任，她因此而受的折磨会成为婚恋关系的毒药。

一段良好且成功的婚姻需要两人之间有平等的伴侣关系。他们彼此爱着，真心喜欢彼此。他们想在一起，不是因为必须如此，而是出于尊重和爱。如果一方拿掉了自己的所有砝码，那么这段婚姻将失去平衡，并最终失败。

与其他女性相比，失父女儿必须去做的工作可能更多些。她得从失去生命里第一份真爱的变故中恢复过来，然后学着理解一段健康、成功的亲密关系需要什么。如果她在婚前不做这件事，那么一旦婚姻出现问题，她可能就难以确定自己何时该留下或何时该离开，或者自己该留下还是该离开。当情况变得艰难，她可能有想逃跑的欲望，以便在别人能伤害她之前就早早逃离。通常失父女儿不得不努力，通过掌控她们的爱情生活以及决定建立一段彼此平等的婚恋关系，来避免承担受害者的角色。你有能力创造出自己从未拥有过的东西。

不健康的婚姻

如果你处于一段不称心的婚姻中，你可能会偏离正轨，走向那个觉得自己并不值得被爱的你，还把自己放在次要位置上，尤其是如果涉及孩子的话。首先，请确保你爱真实的自己，然后再问一问自己是否因真实的自己而得到了伴侣的爱，看看你的伴侣是否会读一读本书并努力更好地理解你和爱你。如果你发现这毫无希望，那就和那些支持你的人谈谈自己的情感和选择。认真审视你的家庭，以及你的决定会对你们所有人有什么长期影响。失父的记忆对于你在婚姻中如何面对困难或不安有很大影响。你不想让自己的孩子经历你曾经历的痛苦，这并不意味着你应该继续处于不健康的情况当中，它会潜在地对你们所有人造成心理伤害。如你所知，即便你需要开始新的生活，但在生命中，孩子需要自己的父亲，所以他可以继续关爱你们的孩子。

如果你并不快乐，一直忧心忡忡，或是持续地怨恨他人，那么你的孩子就会在某种程度上感受到；甚至是在你认为他们没在听的时候，他们都肯定在听着呢。孩子有一种与生俱来的能力，能够注意到父母的不快乐。他们知道你是否痛苦，就像你知道你的母亲是否痛苦一样。注意你的言辞，关注你的活力，在孩子面前好好判断该如何对待他们的父亲，谨防可能在你童年时家中常出现的任何不健康模式重复发生。冲突发生后，请用冷静、尊重以及合作的态度来清楚地展现你要解决它的努力。你可以寻求咨询服务，无论是教牧辅导或临床心理咨询服务（夫妻咨询或家庭咨询）都可以。如果情况乐观，请努力维护你小家的完整。

如果你需要退出这段婚姻，请不要让孩子成为这个过程中的棋子。让孩子选边站或者让他们对父亲有一个负面印象可能都是有害的，而且可能导致另一种失父的情况。请守护好他们的内心，请理性选择开始下一段感情的时机，确保孩子们知道他们才是你的最优先事项。

请你知道，如果处在一段没有爱情的婚姻中，你会有从孩子那里寻求喜爱和关注，从而尝试弥补从配偶那里无法获得这两者的情况。请沉浸在他们的拥抱中，继续关爱他们，并培养他们——确保你会首先关注他们的需要，不期望他们去照顾你。因为你父母所犯的一些错误，你可能会在自己养育孩子的过程中矫枉过正。例如，谨防努力变得更像孩子的朋友而不是母亲。他们需要父母的存在和父母给予的指导。如果你传达的信息是自己的身份与孩子平等，那么他们会感到脆弱。请继续承担起父母的角色，他们需要你给予的那份稳定。

你的支持网络由你负责建立。你值得拥有它，也应该要求获得它。不要把自己置于孤岛上,也不要期望孩子来支持你。请做一个能够应对变化的健康榜样。

成为母亲

可能在你20岁出头的时候,你就出乎意料地成了母亲,然后在30多岁的时候就会遵守计划生育,或是在45岁左右治疗不孕。无论你是如何发觉自己正抱着自己的第一个孩子的,成为一名母亲都会让你感到既幸福又害怕。对于失父女儿来说,要非常严肃地对待这件事,即选择合适的男人来当自己孩子的父亲。你寻找的是稳定,以及健康的基因,还有他愿意成为一名父亲的意愿(可能你的父亲没有让你感受到这一点)。

如果失父女儿能的话,她通常会早早起步,做计划并筹划未来,确保她的孩子与她相比,会拥有一个美好的童年。她像幸存者一样展望、规划未来,并考虑给孩子的资源、安全感和保护。与未失去父亲的人相比,她考虑的方式不同。在孕期中,她会很受激素影响,并变得敏感,她可能发现自己比较情绪化,因为她的父亲从一开始就不在她身边。她可能哭上好几个小时,为她的孩子那位不会来的外祖父而伤心。

请相信,会有其他人能帮助你的孩子。如果孩子还有任何其他的(外)祖父母在世的话,那你挺有福气,应该鼓励孩子与他们亲近。随着时间的推移,姑婶、叔伯、兄弟姐妹、堂兄弟姐妹、朋友就都能来看望孩子,陪他们玩接球游戏了。如果你邀请亲戚们,他们就会来。请记住,朋友可以成为你选择的家人。

然后,就到你的丈夫了。你可能询问了他的信仰、价值观和童年,以发现、处理所有未预见的问题。你渴望可预测性、长久和安心。我们中的许多人都努力不去重复父母那种不健康的模式——我们努力让一切回归正轨。如果你的父亲曾经是一个瘾君子,而你已经替父亲做了他的工作,那么你会尽自己的最大努力远离吸毒者;如果父亲不表露他的情感或喜爱,你就最可能寻找一名会对你和孩子大量表达这两者的男性。失父女儿在看着伴侣带着孩子时往往会非常敏锐。母亲是她们一生中最重要的角色之一,她们想给孩子所有她们自己可能都没有得到过的爱和支持。

作为母亲，你儿时家庭的互动情况将可能出乎意料地影响你成年后的家庭。你往往会以想要重复或避免自己年轻时的经历为基础去养育子女。如果在父亲离去之前，你最喜欢的家庭回忆与露营有关，那么你可能已经在网上搜索那种露营车了。如果父亲情感缺位，不知道如何管理你，因此你被送进了寄宿学校，那么你就知道自己永远不会考虑对你的孩子做出相同的事情。如果母亲在父亲去世后开始对你过分保护，令你窒息，那么你会试图成为一个更佛系的母亲；反之亦然。关于童年，我们喜爱什么，作为母亲我们就倾向于为我们的孩子再次创造出什么；我们不喜爱什么，也就倾向于为他们拒绝什么。

在成为母亲之前把一切都弄清楚的情况可不常见。在经济上或情感上没有完全准备好也没关系，这很常见(谁是真的在这两方面都准备好了呢？)。丹娜分享了她成为母亲之后的情感经历：

"我等了很久才结婚，所以在决定要孩子的时候很匆忙。我想要孩子，但我从来没有感到自己为此百分之百准备好了。治好不孕后，我怀孕了，预产期与我父亲去世的日子几乎是同一天，我当时的年龄也几乎与父亲去世时的年龄一样。从很多方面来看，这似乎像是来自父亲和上帝的一份天上的礼物。我成为母亲时的年龄和父亲去世时的年龄相仿，这个事实真的是不可思议。我想这也是我患上焦虑症的原因，我害怕孕期或分娩时会出问题。考虑到我的年龄，妇产科医生安排提前一周为我引产。在整个分娩过程持续了将近18个小时后，医生对我进行了紧急剖宫产手术。我已精疲力竭，情感也失控了。在手术室里，我的生命体征出现了问题，女儿和我都陷入了危急状态，并且在之后的一周里，我都处于此状态当中。我时而清醒时而昏迷，所有的事情都留给丈夫来做。我想，我当时放弃了。在第一个孩子出生的时间点，我感到情感上非常疲惫。我想，自己当时期望去死。我的身体当时就已经精疲力竭了。

"当我开始恢复的时候，我知道自己正在经历产后抑郁症。看着丈夫很自然就拥有的和我们女儿之间的联系，我既嫉妒又无比自豪。在我和女儿独处的第一个晚上，我把她抱在怀里。坐在病床上，我低头看着她肿胀的脸，还从她眼睛的形状里看到了我父亲的影子。我告诉她我有多么愧疚，因为我差点放弃。我向她保证，我会成为我能成为的最好的妈妈，也感谢她来到这个世界做我的女儿。没有人知道成为母亲对我的影响有多深远，甚至我都没意识到父亲的死会对我拥有自己的孩子有多大影响，知道父亲留下了什么使我能以一种完全不同的方式悼念我的童年。对于他永远不会经历的那些事情，我感到难过，同时我也为母亲不得不独自拼命努力面对这些而感到伤心。我从来没有像这样地为母亲和她独自一人所做成的事情而骄傲过。当我知道自己不必作为单身母亲独自面对时，我感到前所未有的庆幸。"

失父女儿在意识到自己的母亲经历了什么之后会有很大的压力，她们希望被视为好母亲，也希望丈夫能成为好父亲。成为超级妈妈的需要会使她们和她们周围的人都精疲力竭，周围的人也会对此难以理解。她们可能用自身资源允许的任何东西去溺爱自己的孩子——礼物、自身经历和生日派对。给了孩子他的父亲/母亲从未拥有过的东西会是让人自豪的一件事，但不要过分宠爱孩子，这很重要。为人父母就是跳一场舞，也是一个他们将自身童年融入有爱的平衡中的机会（即使时不时会犯错）。

　　失父女儿可能以不同的方式对待自己的儿子和女儿。她们通常会在女儿身上看到自己，可能对女儿有很强的保护欲，尤其是当女儿身边有男性时。她们也可能鼓励女儿变得独立、坚忍——这是她们想要传下去的品质，帮女儿在生活中拥有快速恢复的能力。她们一直努力为女儿寻找未来，但必须要考虑女儿的天性。失父的母亲会是女儿的一个非凡榜样，逐渐赋予女儿自信和智慧，让女儿在来到这个世界的同时知道如何以健康的方式去爱与被爱。

　　对于儿子，为了满足对男性慰藉的需要，失父女儿可能会寻求儿子的喜欢，并鼓励儿子对她们保持依附，这些可能都是她们想要感到被爱而下意识做出的努力。如果你发现自己在这样做，不要感到不适。但是，你要确定，自己不会对儿子寄予不健康的期望，也不会让他觉得需要对你的自我价值感负责。失父的母亲可以成为自己儿子极好的老师，教育他关爱他人、尊重女性，并同时发展他自己的情感与力量；给他爱，也接受他的爱，并从他那里找到快乐。

同龄

父母们常常会回忆他们的童年,故事的开头便是"我像你这么大的时候……"。当你的孩子长到你失去父亲时的年龄时,这种表达就更能激起强烈的情感了。我们称这为"同龄阶段",这会是一个充满回忆又敏感的阶段。同样,当你到了父亲离去时母亲或父亲所处的年龄时,你也会经历这个阶段。

同龄阶段会让你从一个新的角度去看待养育子女这件事。也许你发现自己在很认真地照镜子,或者一直盯着旧照片里的自己或父母,意识到自己到了那个年龄,想了解现在以及过去的自己或他们。你一直琢磨那时候的母亲或父亲可能在想些什么。在这个阶段,请对自己温柔一点,期待这能让你注意到一些情感,去和有相同经历的人聊一聊吧。

同龄阶段可能是一个出人意料的痛苦阶段。你可能会过分保护孩子,过分注意孩子的幸福,有意地保护他们的安全。你可能会以一种新的方式看待事物,这会使你获得启发,但也会让你担忧。你害怕孩子会有和自己相同的痛苦经历，你还在抵触这种恐惧。一部分的你想把他们包裹起来，藏到一个地方，让他们远离这个世界；在那里，没有东西能伤害他们，因为你希望曾经有人为你这样做。而另一部分的你却想开始再次回忆过去，更深地理解过去发生了什么。

如果在这个阶段你发现自己变得情绪化，甚至再次感到悲痛，请不要惊讶。尽管这个阶段会让你难受，但在其中，你会获得和解，并且发现新的宁静。多照顾一下自己，你可以与亲近的人坦诚相谈，谈谈你正在经历的事情以及自己感到多脆弱。与他人更加亲近可以保护你。

对于找到一些健康的新应对方法来说，这也是个好时机。练习正念——活在当下。不断提醒自己，你现在过着不同的生活，过去的经历不会重演。当卡琳和她的女儿经历这个阶段时，她使用了眼动脱敏再处理疗法（eye Movement Desensitization and Reprocessing, EMDR）和精神咨询来帮助自己治愈一些痛苦的记忆。这个阶段可以成为一座桥梁，带你更深入地理解父母、自己和孩子。

作为成熟女性和母亲，随着年龄的增长，你会继续时不时地为自己的童年而感到伤心。有时候，你会因为一天的忙碌和做母亲的要求而忘记你的过去。活在当下、摒除消极的回忆或想法，这会让你的身体和精神得到暂时的喘息与停歇。

告诉孩子

你迟早会问自己：我要告诉孩子我的父亲发生了什么吗？什么时候告诉？怎么告诉？当孩子问起，你会如何解释外祖父是谁以及他为什么不在你们身边呢？随着他们渐渐长大，他们会问更多关于你的父亲和你的童年的问题。随着时间的推移，他们可能会和其他家人建立联系以寻找答案，还想知道为什么自己的家庭跟朋友的不同。

请向家庭心理咨询师或有此经历的人请教如何处理这类对话。任何问题都能用温和且适龄的方法解释清楚，得出让所有人都满意的答案。不，在你的孩子5岁的时候，你不应该向他们详细地讲述整个故事。你可以逐年增添细节，但要注意不要给他们太多信息，使他们担忧，或使他们对自己所爱的家人产生负面情感。相信你的直觉，同时记住，小心，不要期望他们去抚慰你的情感。当时机成熟，他们也正步入成年时，告诉他们更多的真相能帮助他们，以一种有意义的方式把自己的过去拼凑在一起。在他们做好了准备后，看到妈妈为痛苦的事情流下真切的眼泪会是一个非常好的途径，去塑造他们的情感表达，并加深家庭亲密度。

作为母亲，通过你正在传授的经验教训，你有幸拥有期待未来世代的理由。知道自己有机会影响、保护和爱自己的孩子是为人父母最有意义的事情之一。比起任何人，你都更知道父亲/母亲对孩子的一生来说有多么重要。他们会需要你。最重要的是，请记住，你能送给孩子的最好礼物就是做一位健康、快乐的母亲。

母亲的坚忍

做母亲的道路上有很多坎坷，你的经历会影响你面对世界，尤其是面对家庭时的情感。你很坚忍但内心极为敏感，很容易受到触动。你要知道自己哪里坚强、哪里脆弱，要对你最亲近的人敞开心扉，这样家人才能了解你的经历和感受。处境艰难时，做到这一点会非常困难；你觉得自己能力不够、愤懑、伤心，甚至害怕自己不是合格的母亲。你可以质疑自己能否担起这巨大的责任——大多数女性都会这样。但同时，驾驭你所领会的东西，将治愈的方法传授给你的孩子，以此创造一种全新的家庭相处模式后，你会有很大的收获。

配偶

与配偶或伴侣的关系是为人母生活的重要部分。一般来说，你们会共同承担作为家长的责任。你的配偶最好能清楚地知道你过去的经历，也许他也有类似的经历。因为你们是父母，所以你们应该经常讨论彼此的经历和需求，分享你们遇到的挑战、快乐与恐惧。这样的坦诚沟通有助于夫妻关系的发展。如果你们愿意让对方参与自己的生活，你们就会越发走近彼此。请坦诚相待，留意自身中会损害这段关系的东西，它通常与控制、信任和稳定性有关。当你的经济情况、身体状况、病情或内心不稳定时，你的情绪往往会被触发。因此，你有必要去提升自我认知以确保正确处理你和伴侣的关系。

请记住，作为失父女儿的你可能会走向极端；作为你的配偶，他也可能如此。作为一名幸存者，你就像一名橄榄球前锋，在感到恐惧的同时必须去掌控局面；面临危机时，你们都可能会采取不当的方式。如果你对丈夫抱有很大期待，希望他扮演父亲的角色以过分补偿你在父亲那里缺失的东西，这说明你仍然被父母对待彼此的方式影响着。你对伴侣关系的认知通过观察父母得来，这会影响你自己的婚恋关系。

问问你的伴侣，你是否有过不可理喻的时候、当时是什么样子的、他是什么感受。然后听他说，并勇敢地做出改变，让自己获得成长。同时，向他坦承你恐惧背后的根本原因以及触发点。情绪稳定时，找一个平静的时刻，和他来一场这样的谈话，力争让你们两人都愿意更加努力地去理解对方、避免做出伤害对方的行为。要知道，你现在是孩子的榜样，孩子会通过观察你来学习处理未来的婚恋关系。请教会他们尊重、沟通和承担责任。

　　如果你嫁给了你的真命天子，那么请感激这个世界，感激配偶，感激自己。如果这个过程并不容易，那么你已经打破了负面循环，走在正确的道路上。这说明你重视自己的价值，并且决定尊重内心对爱的真实渴望。你在对的地方寻找爱情，最终与伴侣修成正果。现在去给那个男人送上一个吻吧！

第六章

应对机制:找到健康的方式来解决你的痛苦

只有独自在阴影中爬行才能真正理解阳光的宝贵。

——肖恩·希克(Shaun Hick)

有时，生活似乎给了我们太多，让我们无法应对；有时，生活好像又夺走了很多，让我们无法承受。这时候，我们可能会被痛苦裹挟，无法动弹，我们必须做些什么才能避免产生窒息感，所以我们做出了应对。

社会习惯了用权宜之计解决问题，我们想要通过即刻的满足来让自己好受一些。如果我们无法解决痛苦，我们就会想办法去抑制。为了不感受痛苦，你可能和其他失父女儿一样尝试过自开药方、自我伤害或自我放纵，来逃避自己的情感。因为童年发生的事情，失父女儿可能并没有学到正确的应对方法。童年时学到的应对方法可能是有问题的，或者根本就不是帮她步入成年的最好方法。

如果你至今仍在与成瘾倾向做斗争，这可能是由遗传、习得行为，以及有效应对方法的缺乏等原因共同造成的。

参与调查的失父女儿中，超过60%的人都表示自己会通过食物、酒精、自我孤立、性爱、自我伤害、逃避或毒品等方式来逃离失父的痛苦。随着她们渐渐成熟，失父对她们的生活开始产生极其深远的影响，此后可能会造成巨大且复杂的余波。如果没有人教她们以充满爱和温暖的方式去处理压力、照顾自己，失父女儿会轻易习惯负面的应对方法。她们通常将其归咎于当前的处境，如刚分手或失业。但这不是真正的原因，通常情况下，失父才是痛苦的根源。

我们有一个奇妙的发现，90%的受访者都找到了健康积极的方式来解决自己的痛苦，如听音乐、读书、写日记。想一想你本有可能踏上的另一条路是什么样，思考一下你为什么没有选择它，这有助于移除治愈过程中的阻碍。

你可能已经做了一些这样的事，来逃避(再次)想起父亲已经不在了的痛苦。也许你未曾想过失父或许是你一直以来不断挣扎的根源，所以你把问题归咎于当下的状况——讨厌的工作、爱上的男人或背叛你的朋友。处于恐惧之下时，长期抑制的焦虑会被释放。你只知道你不想再伤害别人，这时你可能又点上了一杯酒，或者带着另一个男人回了家，哪怕只是相拥一晚，你只想让自己好受一些。

研究表明，在没有父亲陪伴的情况下成长的女孩，为了处理自身的情况，更有可能出现叛逆行为或负面的应对方法，包括好斗、吸毒、酗酒、滥交。实际上，大多数有行为问题、十几岁时怀孕或进入少管所的女孩，都来自失父家庭。当女孩缺失了父亲在物质上和情感上的支持，家庭亏欠她很多，就没有人教她该如何保持自信、如何应对重重的社交压力。

嘉柏丽娅·戈比 (Gabriella Gobbi) 在麦吉尔大学的研究团队对幼鼠展开了一项研究，结果发现，幼鼠中没有父亲的母鼠有不寻常的表现。像人类一样，加利福尼亚鼠也是一夫一妻制，幼崽会由父母双方共同抚养。研究发现，与有父亲的母鼠相比，失父母鼠的前额叶皮质（大脑中负责认知和社交活动的部分）表现出显著的发育差距。与失父公鼠相比，失父母鼠表现出更多异常的社交表现，包括好斗、难以与其他幼鼠交朋友、不合群等。失父母鼠对刺激性药物苯丙胺（安非他命）也表现出更高的敏感性，药物滥用的风险会更高。戈比肯定地说："此次研究中失父幼鼠表现出的行为缺陷与我们对失父孩子行为的调查结果吻合。这些孩子更有可能出现离经叛道的行为，尤其是女孩滥用药物的风险很高。这说明，要理解失父在人类身上产生的影响,幼鼠是一个很好的例证。"

研究还表明,在应对巨大的情绪压力时,与其他同龄人相比,从小缺乏父爱的女孩通常会更加焦虑,更缺乏安全感。虽然她的内心往往害怕,但她可能已经学会如何强装出一副"我很好"的样子,让一切看似尽在掌控。她表面很风光但内心很不自信。如果她一直隐藏自己的情感,而从不探究自己情绪产生的根源,就会引发很多问题。大脑与身体有很强的关联,对大脑的研究也表明,如果女儿感觉被抛弃了,情感上的伤痛会和身体疼痛一样被记录在大脑的同一部位。在她的一生中,这份痛苦会被一次又一次地触发,会引发身体上的多种症状,如头痛、肠胃问题、疲惫不堪等。

科学表明,经历会改变大脑的工作方式。大脑中的特定通路可能没正常发育,失父女儿就很难具备其他女性分析、反应和表达情感的能力。没有父亲的指导,她会被硬推上人生舞台,没机会看剧本,没机会排练,更没有机会在观众面前找到自然舒适的状态。她的自信心很可能会遭受打击,应对方法也遭到了破坏,她不再相信自己能行,很难去建立一段持久且满意的关系。为了尽力补偿自己，她会努力前行，尽可能变得自强自立，但问题是她可能并没有她需要的工具。挣扎之下，她只得不断摸索，试图填补生命中的空白。

长期的自我怀疑会使失父女儿产生与其他人截然不同的感觉，困惑与痛苦是她的常态。如果年轻时就失去父亲，那么她可能还没学会很多方面的技巧来帮助自己，比如如何进行积极的自我对话，在被打倒后如何寻找力量，在爱情和工作中如何坚持做自己，等等。她渴望强大，想要被爱、被接纳，并且怀念父亲在身边时的感觉。因此，她可能会好奇如何能从一个男性的角度去了解世界。相比于靠自己实现治愈，她更可能会从外部世界寻求慰藉。

另一种极端是，她可能会脱离这个社会。也许她会对家人很生气，于是把自己孤立起来，避免再次变得脆弱。失父女儿决定逃离，无论以何种方式——毒品、酒精、性爱、饮食也好，自我伤害、自我孤立、行为出格也罢。一旦面对压力或冲突，她便会重拾这些方式来逃避。也许这就是她过去学到的，可能她看到母亲或父亲通过药物逃避，她就照葫芦画瓢。也许是自我价值感太低，所以她就通过自我妥协来适应环境，并伤害那些说爱她的人。但故事的结局不该是这样，她可以翻过这一页，通过寻求治愈，让自己重新振作，并找回专属自己的力量，最终重新掌控自己的生活。在她身上，这种可能性一直存在。

魔镜、魔镜告诉我

你可曾迷失方向？是否该改变现状了？这里有一个能让你回到健康路上的好方法，那就是自我反思。我们不是来评判你、批评你的，也不是来让你为自己做过或正在做的事感到羞耻的，希望你不要这样对待自己。在这个阶段，这是你要学的最重要的一课。从不同的角度去看待自己，深刻理解自己的行为，你会变得更加强大，最终重获掌控生活的力量，并阻挡一切伤害。

随着你越来越了解自己，也越来越了解与你有相似经历的失父女儿们，你会在她们的故事中找到智慧、坚忍与慰藉。有些故事的主人公就是你自己。即便你可能需要他人的帮助才能重新站起来，你也能成为自己的精神支撑。你可能会发现,与另一名失父女儿同读此书也大有裨益。姐妹的支持会成为探索自身感受的新途径。

检视你的情绪

下面的练习能让你观察到自身情绪_(包括过去可能无法轻易察觉的情绪)。回顾失父时的情形,现在说出你当时的感受是不是更容易?暂时停下来,把自失父以来藏在心底的情绪大声说出来吧;把它们写下来,看着纸面上的这些文字时,你就会接受过去那些被否定的情绪。写下当时的3种感受,如悲伤、愤怒、宽慰、困惑、缺乏自我价值感、不自信、自我孤立、感觉被抛弃、恐惧。无论在你现在看来是多么正常或多么久远,都请写下你当时的确切感受。

1. _____
2. _____
3. _____

现在你已经承认并写下了你当时的感受,这有助于你审视当时的情绪应对方式。回顾过去，你会注意到有些时候，你选择了积极的应对方法，让你保持坚忍；而有些时候，你会做一些让你精疲力竭的事情。现在，让我们来剖析一些负面的应对方法。当你困惑或受伤时，你会怎样寻求安慰？是什么让你暂时获得掌控感或者得到一时的解脱，之后再去面对现实？请诚实地面对自己，因为只有通过这种方式，你才能原谅伤害过自己身体、心智和精神的自己。我们希望能帮助你，让你接受自己的伤疤。写下你曾用过的3种无效的应对方法，比如滥交、暴食、酗酒、吸毒、滥用药物、购物、自残、自我孤立、沉迷互联网。任何你认为曾经对你有所帮助的应对方法，都请写下来。

1. _____
2. _____
3. _____

现在，请回想你人生中使用良好的应对方法成功渡过难关的时刻。你是如何汲取力量，继续向前的？是什么让你能够照顾好自己并维系各类关系的?

也许你曾与闺蜜有过争吵,于是你决定开诚布公地与她谈一谈自己的真实感受,而非闭口不谈或者逃避,最终你收获了一段持续多年的友情;也许某段时间,你意识到自己因过度悲伤而纵情玩乐,于是决定不再去喝得烂醉,而是通过做瑜伽或听音乐的方式去释放能量。这样做之后你感觉怎么样?你之前用了什么方法来奋勇前行?你如何才能回到当初那种状态?请写下3种曾帮你找回自信的积极方法,比如进行体育运动、冥想、写日记、与他人分享自己的情感、阅读、绘画等。

1. _____
2. _____
3. _____

读到此章时,如果某一小节讨论到了一些让你感同身受的行为,那么请对这一部分多加关注。在阅读和书写的过程中,请对自己坦诚,让自己从此刻开始蜕变。

杰姬向我们敞开心扉，讲述了在父亲离开后自己如何努力处理自身情感的过程：

"当时我即将完成高中学业，步入成年，正处于人生的艰难时期。在此之前，爸爸多次威胁要离开妈妈，在我毕业前的一周，他真的离开了。我得保持冷静，因为我是家里最大的孩子。在大好年华，我在努力照顾妈妈以及我的两个弟弟。那时，就好像家门前出现了一个天坑，把我们全都吸了进去。然而，没人知道它有多深。这件事我隐瞒了很久。

"在我更小的时候，爸爸就经常打骂我，对我不闻不问。进入青春期后，因缺乏情感交流，我们产生了隔阂。我开始变得叛逆，与一群坏孩子厮混。

"大学期间，我频繁出现吸食大麻、暴食、酗酒、吃减肥药、滥交等一系列任性的行为。这种让人追悔莫及的行为持续多年后，我才终于开始意识到，我把生活弄得一团糟。

"我没进监狱，没有死去，真是万幸。我很感激大四那年出现在我生命中的那位天使，她帮助了我，带我重新找到正确的方向。她是一位教授，她看到了我身上的巨大潜力，将我护佑在她的羽翼之下。她帮我想起自己曾经是多么活泼开朗，并鼓励我在课间去音乐厅重新拾起钢琴。最后，我找到了存在的意义。我重整旗鼓，并且快速成长。这就是一直蛰伏在体内的自己，我只是没有意识到而已。我用了整整10年去原谅自己，让自己相信，学好之前，我尽力了。感谢上帝，我学会了更好地生活。"

失父会直接把小女孩送去一个全新的世界，在那里她面临一个极为成熟的问题，却毫无应对方法，根本不知道自己生活的方方面面会因此受到何种影响。她的盘子里有很多无法消化的情感，所以她得寻找其他的调料让已经很苦的生活尽量多一点甜。她不知道该怎么找到问题的答案，只好苦苦寻觅，试图抓住任何可以让她紧紧抓住的东西。她可能没意识到自己在努力摆脱着的是什么，她只知道自己找到了能够好受一些的方法——只不过是暂时的。但现在不一样了，她已经有能力去主动改变自己了。

在生活中无论何时感到寸步难行，你都理应获得他人的同情和帮助来走出困境。也许你太过沉溺于聚会的快乐，所以你要花好几个小时告别；也许为了保护自己，你把自己孤立起来，不与任何人亲近；也许每日与你做伴的成了网络和每晚睡前的一粒安眠药。

也许一开始晚饭时你会喝上一杯红酒，但到后来已变成每晚喝一整瓶；也许服用处方药让你逃离现实；也许你还没学会去爱护自己的身体，而是通过厌食或暴食来控制自己的体形；也许你沉浸在食物带来的快乐和逃避之中，通过暴饮暴食填补内心的空白，才能感到心满意足。不是所有失父女儿都会困在负面的应对循环中，而且，我们本就不必如此。

什么可以让你的灵魂快乐？

你对现在的生活满意吗？你在寻找幸福吗？有一条简单的线索可以帮助你：关注你体内的那种感受，即你的直觉。它正在告诉你什么？当灵魂得到了有益的事物，就会嘴角上扬，而面对消极的经历或处境时，就会难受地"缩成一团"。你想让那些有助治愈的事物进入生活，而非那些有害的事物吗？找寻并跟随自己内心的声音，它会指引你走向幸福。

当我们能跟生活中发生的事和解时，便会有满足感。有些事情我们可以控制，有些则不能，而将这二者区分开是达到更高级自我理解的一部分，对失父女儿而言更是如此。事实早已证明，成瘾行为一部分源自遗传，一部分受成长环境影响，余下一部分则受我们身边人的影响，即来自遗传、家庭和环境。

如果你发现自己有成瘾倾向，千万要避免落入陷阱之中，要知道你有办法重新掌控自己的选择权。诸如家族药物滥用史，家长忽视或者缺乏支持、资源，都可能会增加后代药物成瘾的风险。对于失父女儿而言，药物滥用风险最大的时期就是经历重大变化之时，如失去家长、危急时刻、家庭破裂或者转学等。通过回顾你的家庭历史和人生旅程，你会清晰地看到自己最脆弱的时刻。在生活中，因为一些事物的存在和缺失，导致你需要用毒品或者酒精来应对，所以请对自己抱有同情心。

32岁的特莎说：

"我那时刚开始谈恋爱，却发现我不值得被爱。我质疑朋友、家人以及自己。如果亲生父亲都不爱我和母亲，其他人怎么可能会爱我呢？我开始疏远家人，也不再去教堂了,并在随后的10年里走上了一条艰难的道路。我对亲生父亲非常愤怒,他从没想过来见见我。我问过母亲他住在哪,结果发现他离我家只有1英里远。我开车去他家,敲了敲门。他叼着烟开了门,然后说:'见鬼,竟然是特莎,进来吧。'

"他坐下,问我要喝点什么,我说不用。之后问了他很多关于天气和电视的愚蠢问题,我便走了。后来我再没有跟他说过话,直到3年之后我的一个哥哥因为吸毒、酗酒,第三次被送进戒断中心。我和哥哥们早就学会了用喝酒作为处理问题的方式,所以我曾经也酗酒。

"在过去很多年里,我通过酗酒、吸毒、破坏自己的恋爱关系,尝试减轻失去父亲的感觉。我恨自己,不想像他一样,可我却在做他做过的事。我不敢相信滑向同样的深渊是如此轻而易举。多年以后,我出了一次严重的事故,这也让我幡然醒悟,仿佛是上天在跟我说:"特莎,你得为自己的人生负责。"于是我照做了,得到了第二次机会,意识到活着有更重要的意义。所以我得到了一些支持,找到了做出巨大改变的动力。我得对围绕在我身边的爱敞开心扉。我的人生从此彻底改变了。"

特莎所得到的人生第二次机会是多么美好，但是在那之前，她是一个成瘾代际传播的典型。如果你正经历着这些，那么能改过自新的感觉会很棒。你可以跳出受害者的角色，改变你的想法和行为。戒除成瘾行为需要花时间，但是长期的受益是值得的——你将重获新生。

失父女儿如何应对

你如何转移注意力，不去感受痛苦？应对情绪问题，既可以使用积极的应对方法，也可以使用消极的。下面就是一些受访女性使用过的消极应对方法，我们让她们尽可能多地选出来对她们有用的方法，而大多数也选择了多个应对方法。同时，超过38%的受访者表示没有使用过消极的应对方法，她们的积极应对方法将会在本章后文阐述。

- 孤立，41%；
- 滥交，33%；
- 酗酒，30%；
- 自杀念头，24%；
- 暴食，28%；
- 吸毒，19%；
- 疯狂购物，16%；
- 离家出走，12%；

- 厌食，11%；
- 互联网，11%；
- 回避性行为，10%；
- 处方药，9%；
- 自残，9%；
- 犯罪，4%；
- 非处方药，3%。

孤立

如果你感觉自己被误解，，或者其实你单纯没有精力或兴趣参与社交，那就是你可能把自我孤立起来了。你是否不想把精力花在别人身上，或者不想将负能量传染给身边的人？自我孤立可能是你惩罚自己或他人的方式，包括你的父亲、母亲或者任何伤害过你的人。你会觉得自我封闭比接触他人容易得多。

独处不一定是件坏事。事实上，如果你在向内心寻求指引、自我认知或者对自己生活透彻的理解，那么这是一个非常有效的治愈手段。自我认知是学习如何自爱以及被爱不可缺少的一部分。不过，如果你是因为抑郁、过度焦虑或者没有归属感而选择独处的话，情况就完全不同了。如果你长期以来习惯了将自己和这个世界隔绝来解决痛苦，那可能是抑郁的前兆。记住，你并不孤单。在我们的研究中，自我孤立是像你这样的女性最常用的应对机制。

31岁的吉尔谈到了她的闺蜜崔西。自己离婚那段时间非常难熬，一直自我封闭在家里，与外界隔绝，正是崔西苦口婆心地劝她，帮助她解开了心结。"我和丈夫分开之后，非常痛苦。那时我工作常常请假，靠着吃外卖比萨度日。崔西是我公寓里的邻居，她会每天敲我的门，不管白天还是晚上，拉着我一块儿出门，一直持续了6个月。虽然我吼过她，让她离开别管我，但她并不理会。她见过我最糟糕的一面，教会了我如何破开心中的茧，重见光明。后来我才发现，原来她也失去了父亲。如今我们的友谊持续了20年之久，我非常感谢她在我生命最艰难的时刻对我不离不弃。"

与人相处让我们成长，他人的陪伴带给我们快乐，让我们有一种归属感。如果我们把这些感情从身体和灵魂当中剥离，自我就不再完整，我们很可能会变得更悲伤、更偏执，觉得自己不值得被爱。参加一场疗愈活动固然是给灵魂的良药，不过你的身体也应该慢慢适应希望重燃的新生活，即便这是一个漫长的过程。

如果你已经自我封闭好几周，那么是时候回到外面的世界去了。你可以慢慢来，但要主动尝试，不能止步不前。有许多人愿意和你交朋友，而你要主动接触他们。告诉他们你的感受，以寻求帮助。如果你还没有准备好将自己的脆弱袒露给别人，那么可以从小事做起，比如邀请别人来家里小坐一会儿或者和你散散步。

如果你感觉自己不那么脆弱了，可以向前进一步。通过心理咨询、团体咨询或者参加社交活动，从勇气中汲取力量。你会发现其他人和你的感受一样，你并不孤单。失去父亲会有很多后果，但不意味着要脱离世界。做自己的英雄，看着自己的眼睛说："我要冒险一试。"要知道这么做证明了你的勇气和进步。

滥交

在前面的章节，我们详细谈了失去父亲会如何影响年轻女性的性行为。

研究表明，失父女儿在进入青春期时更容易出现应对行为缺陷。她们常常会有出格的性行为。你可能会认为你的身体不值得保护或者还没有学会如何尊重你的身体。《奥普拉的人生课堂》(Oprah's Lifeclass) 是一档十分引人入胜的节目，在2014年该节目的一个系列"没有父亲的女儿"中，史蒂夫·佩里 (Steve Perry) 认为失父女儿的滥交行为就是自我伤害。伊雅娜·范赞特 (Iyala Vanzant) 立刻表示同意："非常对，这是对自己的暴力。"

一项美国国立卫生研究院 (National Institutes of Health) 的研究报告显示，失去父亲的女儿可能比有父亲的女儿更早发生性行为，也更可能在青春期怀孕。过早发生性行为成为这一年龄段失父女儿最常见的应对方法。父亲的缺位可能会让年轻女性对自己、自己的身体以及她在亲密关系中的角色等认知发生严重偏离。在我们的研究中，一半的失父女儿表示失去父亲影响了她们在亲密关系和性生活方面的决策。她们中的1/3都曾将滥交作为一种应对方法。

性爱可以给予年轻女性力量感，建立与他人的联系，感觉到被爱和被需要，而且性爱非常让人沉醉。但是长期来看，性爱真的会让失父女儿感受到力量吗？对于大部分失父女儿而言，答案并非如此。

29岁的查莉说她拥有的性伴侣数量都数不过来了。她去做了心理咨询，因为她已经厌倦了这种生活。

"我本以为我的问题是因为自己还是个不成熟的'野孩子'。我有很多秘密，对过往的性爱经历也非常愧疚。在咨询过程中，我发现几乎所有和男性之间发生的事情，都与父亲在情感上对我的逃避有直接关系。我可以找男人和我激情一夜，却很少有人愿意陪我安睡整晚，共同沐浴清晨温暖的阳光。我花了很多的时间才明白，儿时缺失的父爱，让我的恋爱关系中也没有爱，只剩下性，滥交成了我潜意识导致的必然结果。我在成年后仍然不断经历着童年的感受。

"当我不得不认真彻底地回顾自己的过去时，才意识到这一点。心理医生能感觉到我还藏着对性行为的秘密和羞耻，也知道让我说出这些的确很痛苦。我真的很想告诉别人这些，一吐为快，这样就能翻篇了。他十分了解我，知道真相能给我带来自由。一天，我在治疗中狠狠地批判了自己，医生让我回家列个清单，写下我睡过的每个男人的名字，然后跟我说'把这个清单撕碎，然后放手吧，是时候原谅自己，重新爱自己了'。这成为我人生的巨大转折点，更是我去做心理咨询的真正原因。我开始尝试整整一年都不做爱。不得不承认，这是我人生中最开心的一段时光。我与自己和解了，最终在坚持了9个月后遇到了现在的丈夫。我们等了3个月才进行第一次性爱，两人的关系水到渠成，那之后我们陷入了疯狂的热恋，并在6个月后成婚。如果没有解决过去的心魔，我现在就无法拥有这么健康的婚姻。感谢上帝，我做到了！"

性爱可以作为一种应对机制来填补虚空，而且即便真正的亲密关系看似遥远且可怕，改变对性爱的看法和性爱体验也永远不晚。性爱应该是一种享受，能增进两个人之间的关系。也许你像查莉一样，不知道如何真正展示自己脆弱的一面，或者和一位伴侣有超越肉体的关系，但你可以学。在一段让你感到安全、充满爱意、美好的关系里，性爱应该是一种愉悦感官的美妙体验。

性欲过剩和性冷淡都是对深层恐惧的应对机制。事实上，19%的失父女儿在我们的采访中表示，她们会通过逃避性爱来控制情绪。滥交和逃避性爱都是为了应对内心空虚或者性迷茫，我们可以把这二者放在一起来看。失父女儿利用这二者来补偿对于爱与被爱的理解缺失，弥补对爱与被爱所缺乏的舒适感。如果你感觉自己正在通过滥交来填补人生的空虚，那么现在就是暂时中止性关系的最好时机，就像查莉那样。

如果你在解决心理问题的时候发现自己在逃避性爱，不妨在你尝试做出改变的时候多多关注自身，了解自己想要什么。失父女儿的一个人生目标就是学会怎样让亲密关系变得充实且有意义。

酗酒

饮酒对于挣扎中的人诱惑很大，因为它可以带来瞬间的释怀和满足感。社会普遍认可饮酒是一种应对机制。然而，虽然酒精一开始可能是一种让人感觉不错的东西，但它其实是抑制剂。事实上，酒精会对身体产生化学作用，让喝酒的人更容易抑郁、焦虑和恐惧；大脑不再清醒，身体也充斥着不健康的能量，最终会为你所有的关系带来负面影响，包括和自己的关系。

有一种解决酗酒问题的方法，但首先要承认酗酒的问题、了解更多关于酗酒的知识，并琢磨出替代方案和健康的应对技巧。

美国广播公司新闻(ABC News)的主播伊丽莎白·瓦加斯(Elizabeth Vargas)在2014年接受《观点》(The View)栏目采访时，主要介绍了她在戒断中心的那段时间。当主持人芭芭拉·沃尔特(Barbara Walters)问她为什么觉得自己有酗酒问题时，她回答道："我6岁的时候，爸爸离家参加了越战。从那一刻起，每次妈妈离开家的时候我都会焦虑，而为了缓解情绪，我开始了喝酒。"因为父亲不在家，她害怕会被遗弃。借助酒精来应对焦虑变成一种习惯，伴随她直到成年。

她的故事说明，即便是那些看起来很坚强的人，内心可能也很脆弱。好在问题有办法解决。在2014年的一次采访中，瓦加斯告诉乔治·斯蒂法诺普洛斯(George Stephanopoulos)她一直在学习健康的应对方式："我在戒断中心所学到的就是感受自己的情绪。其实，这些情绪并不是洪水猛兽，你得切身体会它们。我之前不了解这些技巧，所以过去很难熬，但现在我不再用酒精对抗焦虑了。"她现在会更细心地处理情绪，会给朋友打电话、冥想或者祈祷。

如果你觉得饮酒已经成了问题，请试着坚持两周不碰酒。保持工作日和周末的日常活动，如果坚持不了两周，你就得审视一下饮酒的问题了。有很多资源和团体会张开双臂欢迎你，心理医生会根据你的需求给你推荐转诊的去处。在网络上搜索一下你附近的资源，寻找专家、治疗方案和可以加入的团体。在美国，匿名戒酒会 (Alcoholics Anonymous) 和家长酗酒的成年子女组织 (Adult Children of Alcoholics) 等通常在各个社区都会有周末会面，他们都会欢迎新成员并提供支持。

自杀念头

在受访的失父女儿中，约24%的人认真思考过自我了断。这是我们研究中相当令人痛心的数字之一。抑郁并非臆想，而且不幸的是，一些人饱受其痛苦，认为自杀成了唯一的解脱方法。其实不然！！！自杀不是逃避或者解决痛苦的理想方式，也不是一种惩罚他人的方法，它会给身边人的世界撕开一道口子。如果你正在伤害自己或者认真思考这个念头，说明你实在太痛苦了，甚至觉得没有人理解你。倘若你现在想要自行了断或者伤害自己，请务必寻求帮助。

跟爱你的人倾诉真相，去寻求信任和一个没有批判的空间，让他/她知道你的感受，获取支持和资源。人们会帮助你的，尤其是在你脆弱求助的时候。找个专治抑郁的心理医生，如哀伤咨询师就精通如何帮助人们度过黑暗时刻。有时，入住专业治疗机构也是一个人重建通往治愈、希望和健康生活桥梁的最好方式。

暴食

你失落的时候一般会干吗？食物是你的好朋友吗？食物有社交属性，为大众所接受，我们需要食物来维持生命。虽然通过食物寻求慰藉看上去并不是一种不健康的方式，但当我们过量饮食，负面情绪就会经常随之而来。你上次心碎是因为什么事情？是不是狼吞虎咽地吃了一整个比萨？有没有把自己锁在房间里吃了一品脱洛基草帽冰激凌？有没有一夜又一夜地填满自己的胃，结果感觉越来越糟糕？偶尔放纵自己没问题，奖励自己合乎情理，但问题是长期过量饮食会让你自怨自艾、感到失望，大吃一顿会撑满你的肚子，却让你的灵魂变得空虚。

对很多女性来说，吃东西与感受息息相关，因为食物的确能填补胃里的空虚。情绪化进食会使我们摄入大量的食物（一般是垃圾食品或者其他治愈美食），不是因为饥饿，而是因为情绪发作。专家预估，75%的过量饮食都由情绪造成。我们在愤怒、抑郁、焦虑、无聊、孤单、自卑或者压力大的时候，就会利用食物寻求慰藉。

作为失父女儿，你可能已经有身体问题了。或许你看到母亲在父亲走后用食物自我安慰，于是自小时候开始，这种应对机制就已经根植于你的内心。

翡丽西娅（Phelicia）说道："我记得爸爸离开之前总是说我妈吃得太多，批评她的外貌。她买完菜回来会吃冰激凌，吃着薯片看电视，收拾餐桌的时候每个盘子都要来一口，我妈就是这种人。爸爸每天晚上都会因为妈妈总是反复蘸土豆泥吃在我们面前取笑她，叫她'死胖子雪莉'。我们听到都会笑，妈妈也是，但我能看得出来她脸上的痛苦，替她难受。

"我发现自己如今在做同样的事情，为了丈夫我努力变美，但每当他睡着之后，我就有想偷吃蛋糕的冲动。我的体重上下波动，他说哪怕是一磅的变化都看得出来。我像是嫁给了爸爸。他总说我瘦成皮包骨才好看，但这很费劲。我试过不吃东西，但只要在伤心的夜里，就总是控制不住去吃东西。隔天早晨，我就会恨自己前一晚的放纵，然后开始自欺欺人。这是一个可怕的循环。无论怎么做，我永远都觉得还不够。"

童年遭受虐待和过量饮食之间存在关联，护士健康研究机构(Nurses' Health Study)调查了57 321名成年人。"在18岁前受到身体或性虐待的女性，到中年开始对食物上瘾的概率是童年未遭受虐待女性的两倍。"如果你曾被虐待，去跟能够感同身受的人聊聊天，寻求她们的支持。不要任痛苦滋长，直到占据你的精神和肉身。你需要健康膳食的滋养，这样精神和身体才能有足够的能量成长。在网上找一找附近的"儿童虐待幸存者治疗"服务，去寻找能帮到你的资源、心理医生或者热线电话。我们知道这个话题很敏感,所以你需要时间去找到适合的方法或者治疗师。你也可以去找一位在医疗或者心理咨询领域里能信得过的人,让他给你推荐。当你开始保护自己的健康并向身体传递自珍自爱的信号时,你就可以迈向更幸福的生活。

健康饮食不仅是为了保持良好的外貌,也是一种保持心理、精神和生理健康的生活方式。如果你纵容自己吃不健康和过度加工的食物,就是在害自己。这些食物不仅会阻塞消化系统和动脉,还会阻塞你的情绪。决定改变就要照顾自己的身心健康。从今天起下定决心为自己的饮食负责,诸如记录饮食日记、同健康饮食互助伙伴交流或者参加健康的减重计划都是积极的应对方式,能够成为你实现身心健康的起点。

吸毒

逃避、悲伤和恐惧通常是引发成瘾行为的根本原因。与有父亲的女儿相比,失父女儿年轻时更容易吸毒,因为这看起来可以帮她们摆脱抑郁、焦虑和自我怀疑。

当她从一开始就比别人有更高的吸毒概率，那么她最终染上毒瘾的可能性也更大。

如果你吸食过毒品，你可能都不知道一开始到底是什么导致你接触毒品的。也许是分手，也许是丢了工作，但导致你吸毒的根本原因是什么才是关键。你当时是否为生活不公感到愤怒或抑郁，抑或二者兼有？你当时可能已经竭尽所能解决问题了，但是现在，你可能得拯救自己了。抚平旧伤疤很难，用毒品麻痹自己则十分容易，但这是一个代价很高的选择。

有些情绪一旦有机会释放就可能止不住地爆发，但想要实现治愈就需要你带着努力、支持和勇气去面对这些情绪。这也是变得强大、美丽，以及实现不吸毒的必经之路。你可以学着发掘自己内心的坚忍，用爱善待你的身体，并做回自己。

很多同样经历了吸毒上瘾的人可以帮你摆脱毒瘾。匿名戒酒会这样的团体可以彻底改变你的生活，在你重塑自我的道路上给你支持，帮助你涅槃重生，变得更加强大、更为坚毅。每个人的治愈之路都是不同的，就像每个人的故事都不尽相同。如果你尝试过戒毒，后来又复吸也没关系。复吸也可以是戒毒过程的一部分，所以不要认为复吸意味着失败了。你应该让它时刻提醒自己，你不想要那种生活。就从今天起，重新开始。

疯狂购物

购物的方法似乎可以驱散阴霾又不会伤害自我。但是想一想，你一次次超额消费，仅仅是为了获得购物后所带来的刹那满足感，这种满足感又很快被后悔和空虚感所取代，最后你得到了什么？你将买到所有东西的包装袋拆完之后，给你留下的又是什么？

并不是说像《欲望都市》(*Sex and the City*)里的凯里·布雷萧(Carrie Bradshaw)那样买下隔着橱窗向你招手的鞋是不好的，善待自己当然没问题，拥有美丽的事物总能让人开心。我们所说的是长期靠购物满足自己的精神需求，即靠购物享受短暂的快感。用购物来填补生活的空缺并不奏效，因为你的灵魂有更深层次的需求，而你的需求是"当季最新款"无法满足的。你真正需要的是爱、支持以及让你感受到活着的体验,而不是因为快要刷爆信用卡的内疚感。

如果你已经意识到自己正依赖于一种行为来满足内心的某种期许,你就能重新掌控自己的人生。你可以向朋友求助,告诉他们你想控制自己的购物欲。要学着对自己负责,对朋友负责,对信用卡的发卡行负责。有一个失父女儿在我们的网站上联系到我们,说她为了克制自己的过度消费,将自己的信用卡放进一个大的装水容器,然后放进冰箱冻起来。每当她冲动想消费时,她就会从冰箱里取出容器,等里面的冰融化。如果等到冰都融化后她依然想买,那她就买。对她而言,花点时间想一想为什么要买某样东西,能让她想清楚为什么要购物,也会让她审视一下所买的东西到底是真的有需要,还是仅仅是冲动之下的购物。

我们明白购物的欲望,但是更明白购物能产生巨大的窟窿——不仅是钱的窟窿,也是你心里的窟窿。近期研究也表明,那些把钱用来体验人生或者旅行的人,长期下来会比那些花钱买东西的人快乐许多。用能让你感受好一些的体验来满足你的购物欲望吧,这样不那么费钱,也会更开心。

厌食

在失父女儿的生活中，她们很可能要面对与恐惧和不稳定的斗争。每当我们感觉无法自控时，我们该怎么办呢？我们要专注于自己所能控制的事情，把这些事做到最好。许多女性会选择管控自己的饮食来掌控自己的身体。她们努力控制体重，严格控制饮食，她们注重的是节食，而不是营养。贝瑟妮·弗兰克尔（Bethenny Frankel）早年因参与拍摄《纽约主妇》(The Real Housewives of New York City) 而一举成名，父亲去世之前，她与父亲一直都很疏远。弗兰克尔在2011年接受《美国周刊》的采访时说："我一辈子都执迷节食。大吃大喝后，又开始节食，或者让自己挨饿，什么都不吃。"

如果你有饮食障碍，你的朋友或者家人很可能知道这个情况。但你所不知道的是，你可能患上了躯体变形障碍症。你在镜子里所看到的自己可能并不是你的真实模样。躯体变形障碍症会占据你的思想，让你臆想不存在的外表缺陷。想要了解事实，你应该问一问那些爱你的人他们眼里的你是什么样的。再比较一下你眼中的自己。如果你正受到很多负面外表形象的困扰，那么你有必要求助专业治疗。你所在的区域应该会有诊所、治疗专家或者互助小组可以提供帮助，你可以通过上网搜索或者请求转诊来找到他们。

求助的目的是让你看着镜子，能对自己说"我爱自己的身体"，也乐意接受自己的赘肉、疤痕等。你本来就很美。

童年伤痛以及身体形象

如果一个女孩受到父亲的虐待、抛弃甚至背叛，那么这对她所造成的伤害可能像锯齿造成的伤疤一样永远无法完全褪去。如果她被贴上无能、不值得爱或者累赘的标签，那么她从童年到成年都会一直这样看待自己和自己的身体。父女关系往往对女儿的一生影响重大，女儿会因此过度渴望父亲认同自己的外表，尤其是如果父亲更喜欢苗条的身材，对女儿而言可能更有害。也许父亲会说女儿和妻子的大腿太粗，或者训斥她们身上的线条不够完美。这些负面的生活经历都会导致女儿以后去追求完美身材，这也可能导致她讨厌自己、自卑，渐渐忘记自己的内在与外在都很美。

为了被别人"爱"，失父女儿可能会压抑自己真正的需求，让自己在不稳定的环境中能有一点控制感和接受感。每当看向镜子，她眼里的自己和其他人看到的不同，她明白只有做出改变，才能让别人爱自己，才能让自己爱自己。失父女儿牺牲了自己的身体：约束饮食、过度运动、催吐减肥或者服用泻药。虽然这些行为事出有因，也值得同情，但是现在你也可以选择控制自己不再这么做。

第一步可以先求助你爱的人，向他敞开心扉，谈谈现状，以及你希望怎么改变。做最爱自己身体的人，要让自己知道自然的身材本就可以让人眼前一亮。爱自己的身体，给它所需的营养，问问别人自己该怎么做。只要你尊重自己身体对营养的需求，你就能前所未有地散发美，因为这才是最真实的你。

互联网

互联网让人舒心的原因有很多。第一，它操作简单、触手可及；第二，要跟互联网相处一晚，不需要花时间去打扮；第三，你可以随心所欲，扮演你想扮演的角色，浏览你想浏览的信息；第四，你可以发东西、留言、分享，你满足于这里的无限可能，最重要的是这比起面对面的交流要简单多了。在不经意之间，你可能就花上数小时、数晚，甚至整个星期沉浸在其中。

你从线上交流中到底能获得什么样的情感？网上的你和真实的自己一样吗？和现实面对面交友一样充实吗？互联网的确很神奇，但是它有没有妨碍你的现实生活？你是否曾经因为想打游戏或者每次打开手机就想查看消息而耽误正事？你是否因为沉浸于互联网而失去了和现实中的人建立友爱关系的机会？

你想变一变吗？你有没有意识到正是因为你一直沉浸于互联网而失去了和现实生活中的人互动的机会？如果是这样的话，你就像世界上数百万的人一样，没有享受当下。让与你住在一块的人监督你，或者告诉你的朋友们你正尝试改变，想和他们多见面。将电脑收在厨房吧，这样你就可以和你的家人或者室友多交流。在自己常用的社交网站上发布一条新消息，宣布自己"从现在起退网",并为之感到自豪。重新回到现实世界,和朋友们面对面交流,能让关系变得更加紧密。

处方药

总有一天你会意识到其实获得药物并没有你所想象的那么困难,也不是想象中的那么不正确。毕竟,你可以从很多渠道取得处方药,如医生、母亲的药柜、网上。这些处方药的获取渠道也不是什么秘密,特别是对于没人指引也不懂这些药物会对身心带来什么危害的人来说,这会形成严重的成瘾问题。

我们采访的一个失父女儿说,"分手后一瓶失眠药"已经成了她们圈子里调侃一位朋友的笑话,但是镇静剂上瘾可不好笑。服用处方药看似无害,但是可以很快引发别的问题。事实上,当前意外过量服用药物问题逐渐严重,因为许多人都不知道混合服用一些特定药物的危害,特别是五羟色胺再摄取抑制剂(SSRI类抗抑郁药物)、阿片类药物、苯二氮平类药物(镇静剂和催眠药)和酒精。混合服用处方药或毒品类药物可能会致死。

对包括失父女儿在内的女性而言,处方药成瘾问题是真实存在的风险,因为她们缺少父亲的教导、有效的应对技巧,缺乏自我价值感。例如,妮娜的父亲在她5岁时因工作原因去了国外,最后他爱上了一个男人,一去不回了。当时妮娜很绝望,觉得自己不值得被爱,被抛弃了。最后她20岁出头的时候,渐渐处方药成瘾。

"父母离婚的时候,我的整个世界崩塌了。他就那么头也不回地离开了,我很不理解。他是同性恋吗?但是他一次都没跟我们提起过。我21岁的时候,有一次在外面喝酒,后来出了严重车祸,导致严重的神经和颈部损伤。我做了几次手术,最后要长期服用羟考酮止痛。这种药物不仅能让我非常亢奋、减轻伤口的疼痛,还能让我摆脱情绪上的困扰。那是我头一回发现我不再因为父亲的离开而难过,也让我感觉很好。没有人知道我多年来找了好几个医生,让他们写处方给我开一些强效药。

"不久之后,我服用羟考酮、阿普唑仑、阿得拉和酒石酸唑吡坦的剂量远远超出了身边人的想象,更不用说我还有酗酒问题。那几年我过得浑浑噩噩,无论起床还是睡觉都需要借助药物。这件事情我隐瞒了所有人，特别是家人。

"我24岁的时候父亲去世了，那时候简直是我人生最低谷。我吃的药多得不能再多了，我也因此更耐药了。我和我兄弟拳脚相对、丢了工作、酒驾，开始失去希望。这也导致我服用更多的药。之后两个医生都不给我开药，一周后我的药全吃没了。然后我开始戒药瘾，整个过程真的难以忍受。经历了两年的恶性循环之后，家人第三次带着我去康复中心进行治疗。最后一切都如愿以偿。一个特别咨询师每晚都跟我聊到很晚——她也失去了父亲。她帮我弄明白我当初对自己的身体做了什么和这么做的原因。我感觉终于有人能理解我的悲伤了。我想再次好好爱自己，追求快乐，而不是麻痹自己。我决定改变，成为一直想当的艺术家。虽然我还要面对挣扎，但是我也决定了要重新做自己。"

你是否为了逃避生活问题而索要或者滥用处方药呢？如果是的话，你可以向身边的人道出真相，最好是给你开药的医生，他们可以帮你安全地戒掉这个习惯。不要试着独自面对，现在还不是独自继续自己的旅程的时候。你需要为自己做出决定，进行改变，但是有一个人能帮你戒药瘾更好。你需要有人随时戳破你的谎言、管着你，这样你就不会一次又一次深陷困境。我们可以骗自己，但是如果我们让朋友或者家人都了解真相，他们就可以阻止我们做错事。一旦发现问题所在，你就可以找一个好的治疗师，或者寻求安全的戒断计划。

自残（割伤）

自残是最饱受争议和误解的应对行为。一些人会纳闷，不知道为什么会有人以痛制痛，或者用自残来博取关注。失父女儿会极度悲伤，并感觉被孤立、失控、毫无价值，同时她们也想尽情发泄。让自己的身体受伤（如割伤），可以渐渐让情感上的痛苦消失，还可以创造一种发泄方式并获得控制感，或者让自己有一种恍惚感，即便只是短暂的。我们调查的失父女儿中，有10%都承认她们曾割伤过自己。

我们可以无比确信的是：这一行为是在伤害自己。我们理解你为什么这样做，但是你得明白，伤害自己的身体不是消除伤痛的正确方式。如果你有这些想法或者行为，请你从把这些想法告诉你信任的人开始，寻求共情和支持来跨过这道坎。

非处方药

在日常生活中，非处方药不仅触手可及，还被广泛营销。对于许多女性来说，这些药是她们的小秘密。这是达成目的的各种方式中阻力最小的，无论你是想降低食欲还是助眠。32岁的蕾妮一直都想减掉20磅（约9公斤）的脂肪，因为她觉得这是挡在她通往幸福道路上的障碍。她家人有个朋友是内科医生，所以拿减肥药也很简单。因为是家人的朋友，所以那位朋友信任她，知道她想减肥就给了她，直到这位朋友发现蕾妮还把药给了她的朋友，就不再开药给她。他马上告诉蕾妮这样是不行的，她不应该继续吃这类型的药了。

蕾妮非常想减掉更多的体重，于是她开始吃有助于减低食欲的非处方药。我们逐渐了解到更多关于她的过去，发现虽然她父亲健在，但是却不怎么关心她。她和我们说唯一一次他注意到她就是因为她瘦了。蕾妮说："我记得那是唯一一次他夸我好看。当时我发了疯似的节食，减了25磅（约10公斤），这才让他注意到我。他说：'蕾妮，你看上去真美——很苗条！'我终于感受到他是爱我的。"

不管出于任何原因，如果你正服用非处方药，可不要忘记非处方药也是药。最让女性欲罢不能的就是助眠类药物，如夜间止痛药和止咳糖浆。阿黛尔回想过去说道："我30多岁身边连个男人都没有，而身边的朋友都结婚了。我还在经历一段又一段感情，我真的好累，也不知道我哪里做得不对。这一切使我疲惫并最终让我患上了抑郁症。大概整整一年，我下班回家后只想睡觉，所以我那会儿吃完饭后都会吃两片助眠药，然后睡觉。后来耐药性增强，我就再另外喝一杯红酒来帮助入睡。这也变成了我的习惯，不这么做我都没办法入睡。真不知道那年我的肝变成了什么样。"

如果你像阿黛尔一样每晚都要吃安眠药，那么现在想想你为什么失眠。你是否焦虑？看医生有助于查出失眠的原因并正确应对。你是否心理负担过大？你是否尝试用睡眠来逃避自己的感受？睡眠过度也可能是一种逃避和自我孤立。这些方法长期下去都不是让你好起来的健康解决机制。睡前几个小时，避免摄入咖啡因和激烈运动，让你的身体知道是时候休息了。慢慢深呼吸，缓缓舒张身体。坐在地上，用泡沫轴按摩你的肌肉，好好泡一次澡，隔绝身边的噪声，脱离这一切纷扰，阅读、写写日记。可以考虑一下使用天然疗法，用洋甘菊、香蜂花或者缬草根来泡茶喝。去查查资料，看看哪种方式是既安全又有效的。向自己发誓，一定要找出到底为什么睡不着。有些情况下寻求药物帮助入睡是正确的，但如果你开始滥用助眠药来掩饰其他问题，那么每次起床后你就会发现那些问题还在。

近年来，许多关于睡眠的研究都表明，每晚7~9个小时的睡眠时间能很好衡量休息是否健康。一晚上(或者一天里)经常睡太少或太久，都会破坏你的身体自然昼夜节律。这会破坏你的免疫系统，进一步引发抑郁、情绪不稳定和焦虑。

在锻炼、每天都要有的生活习惯、缓解压力、饮食和照顾自己之间寻求平衡，这样既可以帮你调节睡眠，又不需要过度用药。咨询医生、顺势疗法医师或者睡眠专家，看看怎么做最适合你。

健康地应对

健康地应对和治愈有很多种方式。

直视自身感受是战胜痛苦的第一步。心理学家荣格 (Carl Jung) 曾经说过："你越抵抗，它越顽固。"只要失父女儿深吸一口气，袒露心扉、展露内心世界，她就能在找到应对方式上迈出重大一步。一旦她知道了自己所要解决的问题，决定要求助他人（以及自己内心的帮助），她就可以控制还要在这些情绪当中困多久。这需要每一位女性依靠自己。没错，找到情绪的根源是治愈的一个重要部分。有时候回顾过去是前进的最好方式。

用不同的应对方式处理不同的压力因素或者问题。

1. 突然发生的临时状况：一些特定、临时的情况需要立刻做出正确的决定。这意味着要深吸一口气，让自己先置身事外或者用"我"开头来回复别人。使用"我"开头来回复别人的这个策略既可以阐明你的立场，又不会冒犯别人。你可以用"我"开头，而不是"你"，来诚实地说出自己的感受。举个例子，与其说"你怎么总是和别的女的调情！"，不如说"我一看到我爱的人碰别的女人就会很没有安全感——尽管我知道这只是很随意的一个动作"。这样说话你所强调的是你的感受而不是指责对方，就不会让对方马上就想反驳点什么。"我"开头的回复方式可以免去争执，转而强调因为某些行为造成的感受。

2. 偶然事件：邂逅一段新的感情或者遇到新情况，这些新感情或情况可能只会维持很短一段时间。当你遇到一些事或人牵动着你的神经，你就需要找到解决这些的方法并继续自己的生活。对策意味着有边界感，做些释放内心压力的事情，比如跑步或者听听古典音乐，你会找到最佳的方式让自己恢复精力，也会找到最合适的方式，修复自己在某个情形下所产生的情绪和心理疲劳。

3. 长期痛苦和折磨：痛苦很可能源于童年，比如失父，这种痛苦常常能在某种程度上影响你。一些事会唤起你对这些痛苦的记忆，这时你必须要学会让自己记住所拥有的力量和希望。积极的应对方法可以自然地减轻压力和提升幸福感。无论是通过冥想、积极的自我对话还是做运动，在找到真正奏效的理想应对机制前，你肯定要去试错几次。如果想应对长期痛苦，你就必须了解引发这些情感、感受，以及你这样反应的原因是什么。

通过发展一系列的应对技巧，失父女儿能掌握许多积极的应对方法，这些方法可以释放内心的空间。失父女儿有时也会形成消极的应对方法和分散注意力的常用方法，来（有意或无意地）逃避自己的问题。许多失父女儿靠兴趣爱好来解决问题，这看上去健康，但是兴趣爱好只能带来短暂的喘息。要想长期有效，必须着眼长远，做出调整。要想完全活出自己想要的生活，开始自我发现、坚持自我治愈是关键，而非隐藏或逃避。

要想摆脱不健康的模式，就得用健康的方式来代替。从了解消极解决问题的情形和压力开始，你已经形成了消极的习惯或行为模式，你得自我干预，用新的方式来改掉旧的习惯。

增强这方面的意识后，你就能选择全新的、更健康的应对方式来面对你的情感。这份成长会让你变成更强大、更快乐的自己。想要知道做什么才有用,不妨问问自己:"我什么时候最开心?开心时我在做什么?我真正擅长的是什么?什么事情能让我快乐?"

丹娜还记得在她训练了6个月后报名参加一场马拉松,那是她第一次,也是唯一的一次马拉松。

"当时我决定给自己定个目标。我想做一些既能帮到自己又能惠及他人的事,因此我以跑步的形式为美国白血病和淋巴瘤协会(the Leukemia and Lymphoma Society)筹款。在朋友特蕾西的陪伴下,我每天都跑步,有过疲劳性骨折,起过水疱,脚指甲盖也脱落过,最后成功地为该协会筹得将近2万美元。特蕾西的母亲加尔琳妮和我的祖母海达都曾与癌症斗争,我们也以此来纪念她们。每次跑步很难、想放弃时,我都会在脑海中跟父亲说话,也会听到他、母亲和叔叔对我说我能行。马拉松比赛那天,大概在里程16英里(约25.7千米)的位置,我疲劳性骨折复发,非常疼,当时就想退出比赛。但我还是告诉自己不要放弃,然后又一次开始在脑海中跟父亲说话。我说:'好,我需要你在终点线等我。'当时眼泪就开始往下流了。在那时,我的丈夫还只是我男朋友,我看到他自豪地站在终点线那里。我开始在心里默默地感谢他、父亲、母亲、哥哥、叔叔、朋友和每个人，感谢所有人的支持，让我可以拥有这一光荣时刻。我冲过了终点线，感到前所未有的快乐。我跑完了马拉松，开始和过去道别了。我用爱代替了过去的一切。生活向我敞开了大门，我也准备好迎接新生活了！"

在30岁时重返校园成为改变卡琳一生的决定。她的心理咨询师建议她，在经历过一次次变故后应该来一次"信仰之跃"。当心理咨询师和教育家是卡琳的人生使命，10年后，她成功获得博士学位。

"作为3个孩子的母亲，我在经历过这一阶段后，感觉自己赢得了世界上最大的奖品。我找回了自我，同时，我的孩子们从我身上学到的坚忍也会让他们终身受益。正是因为这份坚忍，我才能向那些过去伤害过我的人证明他们错了：我的能力足以成功攻读博士学位。对现在的我而言，过去那些否定我的声音已经抛诸脑后，我前行的目标才是最重要的。"

去追求自己所爱的、健康的、令人愉快的事情，比如给自己唱首老歌，找到那本曾经让你感到充满力量的书，订个计划，让周末有点盼头。多和激励你的人交往，沉浸在鼓舞你的环境中。

积极应对

我们调查的失父女儿会投入到各种各样的活动中，以应对生活中的挑战。我们请受访者从积极应对方法列表中选出自己应对失父的方法。失父女儿有多种有创意的应对方法。看看下面这些，你可能很惊讶地发现，自己在生活中已经用过了其中的一些积极应对方法，而你自己都没意识到。

- 听音乐，50%；
- 寻找欢笑与幽默，40%；
- 理疗，17%；
- 与动物共处，30%；
- 宗教，27%；
- 自我帮助/读励志文章，26%；
- 锻炼身体，21%；
- 走进大自然，25%；
- 旅游/冒险，17%；
- 记日记或写作，33%。

此外，还有跳舞、做志愿活动、绘画、弹奏乐器和冥想等健康应对方法。我们还发现一旦失父女儿开始努力。用不同的方法应对压力，她们就能为自己的生活带来更多影响一生的变化，如成功戒瘾，或者创业。总之，她们有无限可能。

既然你现在有了很多选择，在下面写出你能开始用的3种应对方法。哪些方法能让你开心呢？

(你也可以列出3种以上)

1. _____
2. _____
3. _____

这一周，你要做的就是在手机的提醒事项或者自己的日程表中安排上这些应对方法，每天至少做到其中的一项，而且要像约了人一样信守承诺。这样做等同于给自己打一剂让自己感觉更好的神经递质（大脑向身体系统释放出的一种化学物质），其效果也是立竿见影的：身体会分泌多巴胺和五羟色胺等化学物质，你在做对自己有益和快乐的事情的时候它们才会出现。这些都是你应得的。所以，去给自己"来一剂"吧！每天都这么做，就能让你的身体重新学会如何应对生活——通过用自己身体的化学物质来治愈自己，这会让你自然地回归正确的道路，过上更快乐的日子。

并不是每个失父女儿都会沾染恶习，有些人很早就用了我们在本章中列出的方法来充实自我，从而找到了更好的方式，做出了更健康的选择。我们各自走在不同的路上，但是对过上幸福生活的渴望都在我们心中。

罗罗·琼斯（Lolo Jones）是一名运动员，参加过奥运会，曾经获得3枚金牌，由单亲母亲抚养长大。小时候，她和家人住在教堂的地下室里，有一次在该教堂参加活动，她偶然发现自己对田径运动很感兴趣。她将自己的家庭境况视作上天的恩赐，而没有觉得自己是受害者。

米斯蒂·科普兰（Misty Copeland）是美国芭蕾舞剧团的舞蹈演员，同时她也是该剧团历史上第三位能够独舞的非裔美国人。科普兰在2—22岁期间与生父关系疏远，由母亲和好几个继父抚养长大。她第一次接触到芭蕾舞是在当地的男孩女孩俱乐部。每天下午放学后她都会去那里，她在那里遇到了她的芭蕾舞老师——辛西娅·布莱德利（Cynthia Bradley）。后来，科普兰搬去和她一起住，并在她的专业指导下成为一名职业舞者。

这两个案例都活生生地证明了儿童能够从失父的

巨大变故中振作起来。她们都将注意力转向了体育运动，并以其作为应对机制，度过了童年。如果当初没有这样做，她们的人生走向就会截然不同。

芭芭拉·史翠珊(Barbra Streisand)、玛丽·布莱姬(Mary Blige)和玛丽亚·凯莉(Mariah Carey)依靠歌唱度过童年，她们都失去了父亲。特蕾莎的父亲遭人谋杀，而她完美地诠释了如何将生活过得有意义。能鼓舞你的可能是工作中你最敬仰的人，可能是你所在的读书会中最有趣的那个人，抑或是你隔壁那个看起来一直能适应生活的母亲，无论她遇到什么困难。

请提醒自己，要把身边成功走出来的失父女儿当作努力的目标，同时也请记住，她们的经历没有表面看起来的那么简单。看别人时，要像看自己那样全面。要有同情，要推一把，要有妥协，有时还要逼一把。

每一个成功和每一次欢笑背后可能有数不清的失败和泪水。看看是什么支撑她们一路走过来的，而这种特质你的身上也有——坚忍。

虽然你心里很乱，但是生活还得继续。你可能在受到鼓舞的同时也感到受挫，在此，我们想让你明白：要去解决过去的"幽灵"，你的未来才能自己掌控。

第七章

想念父亲

如果在当初那些年有个人来引导我,不管是谁,告诉我当时的感受很正常,我不是独自一人,也许我的人生会变得不同。但是如果你没有失去过父亲,那么你就是不知道该对那些有过这种经历的人说些什么。

——克莱尔·比德韦尔·史密斯(Claire Bidwell Smith),
《继承的法则》(*The Rules of Inheritance*)

总会有那么几天让你感到折磨。一年中总有那么一天会提醒你父亲不在了，并让你这一天尤其难过。在我们调查的所有失父女儿中，绝大多数都认为父亲节是最难熬的一天。这一天，她们会格外孤独，会因为失去父亲而感到特别难过。

研究表明，父亲离世的女儿最为难过。她们往往会一次又一次地因失去父亲而伤心。人们会普遍认为，这样的女儿会永远保存对父亲的记忆。25岁的萨布丽娜告诉我们："我父亲11月去世的，但是直到我上大学，我才知道他确切的去世日期。也许一开始我就将这个日子埋在了自己的潜意识里，但是当我从保险箱里取出他的死亡证明后，我发现那用粗体字显示的日期好像也在看着我，提醒我其实一直都知道这一天。他的死亡日期是11月16日。我让自己将这个日期刻在记忆当中。我真是个不孝女，都没在父亲去世的日子好好悼念他！从那一刻开始，每年一到11月，我就会开始回忆过去。我永远无法再过父亲节了，我让所有的亲朋好友都意识到了这一点，并不是因为我想博取关注，而是因为这是他应得的。"

萨布丽娜非常爱自己的父亲，所以对她而言，记住父亲去世的日期变得重要起来。只有你自己才能懂得这种悲伤。如果你的父亲去世了，就让你亲近的人知道哪几天你最难熬，这样他们就可以更了解你，知道该如何帮你。向他们敞开心扉，解释每当你触景生情时会有什么反应，告诉他们可以打电话表示关心多么重要。如果很长一段时间后，你变得过于悲伤，甚至影响了日常生活，那么是时候去寻求帮助来解决失父问题了。去寻求咨询师和支持团体的帮助，他们可以帮助你平静下来，接受现实。

对于一些人来说，这天是父亲的忌日，而对你来说就是父亲离开家的那一天。为了不让身边的人感到别扭，你选择默默难过，或者跟兄弟姐妹见面，聊上一整天。一些女性的难过会更明显，所以她们可能气冲冲地对身边重要的人说话，或者在气呼呼走出房间时，被桌子挡道了，就对着倒霉的桌子破口大骂。我们也曾自怜，所以完全懂你。父亲不在身边会让你觉得很不公平，你会想：凭什么在婚礼上自己只能挽着哥哥走向新郎？凭什么没有父亲在毕业典礼上告诉你，他有多么骄傲？凭什么你的孩子一出生就没有外祖父？尽管这样抱怨生活的"不公平"听上去幼稚又任性，但是有时候，失父女儿(不管多大)都像刚失去父亲的小孩那样。

身边的朋友和重要的人可能需要花上好几年才能理解你因为想念父亲而经常有的各种情感。有些失父女儿的父亲还活着，她们会想，我该为他难过吗？要生他气吗？我是否应该朝前看，忽视他多年来在我过生日的时候都不打电话来跟我说一句生日快乐？纵使你尝试刻意忽略失去他的这件事，但是人生重要时刻和节假日还是无法让你忘记他不在你身边。正是在这些日子里，失父女儿会意识到自己和别人不同——因为自己的父亲不在身边。她和孩子排队见圣诞老人时，会感觉除了他们，好像每个家庭都有一位白发苍苍的外祖父陪着。如果他仍在世，女儿可能逐渐认为对于父亲来说自己不重要，或者父亲不爱自己。这种感觉真的让人心碎。如果他去世了，女儿不仅会特别想念他，还会难过，因为他将缺席种种庆祝活动，或者无法看到他的外孙。甚至面对最开心的事时，女儿也会感到一丝难过。

一旦父亲去世，你生命中的一些重要时刻就会有新的意义。一些重要的节日时你会想他，或者，你会在第一次工作面试的那天感到难过，因为没有他在身边给你加油打气。你可能在任何情况下都会过于气愤或者烦躁，但你没有意识到自己产生如此情感的根本原因其实就是父亲不在了。

很多时候你会切实感受到失父的影响。有些日子对其他失父女儿来说很平常（像是节假日和生日），对你来说却很特别，这些日子不一定非得是纪念日或者节假日。一些很普通的时刻，比如你搬新家了，但是得把沙发搬上楼，这时就会让你感到无比孤独，这种感觉无人能想象到。21岁的玛丽亚跟我们分享了她的情况。她说："每次听到室友和她父亲打电话，我都会痛苦得蜷缩起身子。有时候我为了能听不到他们开玩笑，会用手指堵住耳朵。我很为她高兴，因为她永远体会不到没法给父亲打电话是什么感受。如果她的车胎瘪了，父亲会为她修车。如果她感到孤独了，父亲会拥抱她。如果她钱不够花，父亲二话不说就会给她钱。她不知道我承受着怎样的痛苦，也不知道这让我有多难过，当然我也不希望她知道。但是我有点嫉妒她，因为我希望他也是我的父亲。"

失父女儿一般不会承认她们嫉妒其他人的父女关系,她们尝试带着这份嫉妒生活。除了一些重要时刻会放大你失去父亲这件事,每天发生的一些小事也会触发你的情感,这是你生活的常态:去现场看比赛的时候,看到旁边坐着一对父女在为你的主队呐喊,你可能因此哽咽;吃午餐时,看到附近有一桌是父亲在和女儿吃饭会让你想哭,但你会强忍泪水;看到丈夫将女儿放在肩膀上,扛着她到处走,你会想起儿时在院子里,你父亲也这样扛着你到处走过。失去父亲会一直影响你,如影随形。

你能做些什么让自己更好受呢?如何在继续过好自己生活的同时悼念他?如何能摆脱过去的痛苦、继续向前走呢?如果父亲还在世,你要联系他吗?该什么时候联系,什么情况下不联系?接下来,我们会在本章一一谈到这些问题。

父亲去世

如果父亲在你小时候就已经去世了,那么有人能帮你度过这段时间会让你获得认同感、满足感。尽管小时候他的去世让你非常伤心，但从成年人的角度来回顾童年失父的感受会对现在的你很有帮助。

如果独自解决让你感觉更好，那么凯瑟琳·L.泰勒(Cathryn L. Taylor)的书《内在小孩疗愈手册》(The Inner Child Workbook)能帮到你。这本书帮许多人触及他们失去的童年的根源。实际上，有很多资源可以帮到你，你要做的仅仅是主动寻求帮助。发动一下你在医疗领域的资源，请他们帮你转诊到专门针对你需求的心理咨询师那里，比如专门针对悲伤、变故或者创伤的。有了心理咨询师的帮助和指导，你会了解到自己一些没意识到的会有的闪光点。给自己一次享受美好的机会吧。

二次失父

如果你一直与父亲疏远，或者在他去世之前几乎都不怎么了解他，那么你很难知道他是什么样的人，以及他在世时如何生活。如果你曾试过了解更多关于他的事，那么你可能是通过家人、朋友或者照片所提供的信息来填补脑海中对他一生印象的空白。如果时间太久远，他们可能不记得关于父亲或他生活的具体细节了，这会让人沮丧。而那些跟你父亲最有交情的人要不就是去世了，要不就是你跟他们很早就失去联络了。如果关于他的遭遇，其中有些事是秘密，那么人们就不会和你分享，自然也就不会给你所需要的答案了。

父母离婚的情况下，母亲可能不想说起父亲，或者只会说他的不好。询问父亲的事会让你尤其容易受到伤害，而一旦知道了点什么，也可能让你对他感到失望。有时候你会发现，事情的真相并不是你所想象的那样。这些故事填补了你脑海中对父亲印象的空白，也充实了你想念父亲的每一刻。这些故事也会随着你所处的阶段和生活经历而改变。你在15岁、25岁、35岁等不同年龄，想了解的关于父亲的事也会不同。随着生活经历逐渐丰富，你的思考方式会改变，好奇心也会增强。

和兄弟姐妹聊聊父亲对你们都有益。虽然你们的父亲是同一个人，但你会发现每个人关于他都有不同的回忆，对他的看法也不一样。互相分享一下那些让你们印象深刻的特别时刻或故事有助于帮助彼此填补回忆的空白——不管这些往事有多傻、多琐碎或多感动。将这些记忆碎片拼凑起来绝非易事，所以应该让身边的人知道你在做什么，并请他们帮助。理顺过去的事情，以便继续前进，在情感上非常有益。你将会卸下重担，迈向未来，与此同时又能活在当下；你将能够明白自己的情感和好奇，坦承真相，必要时给予关注。在前进的过程中，你能找到治愈自己的节奏。

对于一些失父女儿而言，回忆的过程就要艰难得多。如果父亲在世时曾深受他自己的心魔或恶习的折磨，那么你在回忆的时候会很难保持平和。尝试弄清父亲的问题会让你的内心和头脑都变得一团糟。这也会让你不禁思考，既然身体里有他的基因，自己是否注定要重蹈他的覆辙，还会怀疑自己是否会染上他的恶习或有他的心魔。但是无论如何，永远都是由你来决定到底要了解父亲多深。

通过调查父亲的真正为人和生活轨迹，你会以一种新的方式了解父亲。要做好准备，持开放心态。跟别人谈论父亲时，你会发现自己会为他说话，维护他的名誉，让一切回忆尘埃落定，不要纷纷扬扬。谨记你和父亲的关系是独一无二的。但同时,你也必须要搞清楚,从别人的角度看待父亲的过去会如何使你受益,从而让生活有意义。

在细细回顾自己失去父亲的经历之时,一定要确保自己一直立足于当下。要不断提醒自己,你生活在现在,而不是过去,再也不要让自己走那么一遭了。在这个过程中,你会获得深刻的理解,可以把这些理解当作垫脚石,一步步让自己在未来到达一个新的、更自由的境界。

记忆长存

有许多种方式能保留对父亲的记忆,与家人和朋友聊聊父亲吧,记得叫他们也问你问题。要让他们知道,你非但不介意提起父亲,反而你感觉他一直就陪在你身边。把他融入你的人生经历当中,比如,让关于他的记忆陪伴你做出重大选择、踏入30岁、参加重要面试。看看你们的合照、以前的家庭录像,将他的古董表揣在兜里,或者喷些他的香水。这些关于他的物件能保持你们之间的联系。如果心里有事，那就跟他说说，给他写封信，把想说的都说出来。这样做能让自己更清醒，也能释放很多自己内心的情感。上述所提到的交流方式都可以确保你们之间的关系延续不断。你可以确信的是许多人(包括我们)都会告诉你，你的父亲确实可以感觉到并听到你的声音。

以适合自己的方式记住父亲，再做些独特的事情，并让这种方式变得无论是对你而言还是对你的家庭而言，都是独一无二的。我们采访过的一个年轻女性就曾谈到她家人每年都会在她父亲生日那天纪念父亲，庆祝他的"生日"。在那一天，他所有的孩子都会戴上一顶他常戴的费多拉帽[1]，并一起拍傻乎乎的照片(这不是很棒吗？)。另一位受访的年轻女性告诉我们，为了感觉到父亲仿佛在陪伴着她，在婚礼当天她戴上了父亲的婚戒。卡戴珊姐妹的父亲是亚美尼亚裔美国人，因此每逢父亲的忌日，她们都会去一家当地的亚美尼亚餐厅聚餐。

萨迪今年10岁，在她2岁时父亲在睡梦中悄然去世，当时她父亲才25岁左右。父亲火化后，骨灰装在一个好看的红木盒子里，但只装在了一侧，另一侧放着多年来萨迪写给父亲的信。其中一封简短地写道："亲爱的爸爸，我喜欢吃意面，你呢？妈妈为我做的所有饭里，我最喜欢的就是意面了。你最喜欢吃的是什么呀？"萨迪已经找到了继续和父亲交流的方式。随着她慢慢长大，与父亲的关系和应对失父的方式也会不断改变、升华。

对有些人来说，我们的伤心可能没什么规律，对其他人来说，却很有意义。你可能每周二都会顺道路过父亲的墓地，或者永远都不会刻意经过那里。一袋煮熟的花生米或者一首摩城乐队的歌会让你哭，或者会让你微笑。细细读旧信件或看老的录像都可能让你当时哭得稀里哗啦，但第二天就破涕为笑。他自始至终都是你的父亲，你想念他。无数的失父女儿都和我们说她们经常与父亲说话，相信父亲的精神引导着自己。在日常生活中，一些失父女儿会寻找一些父亲在引导自己的过程中可能留下来的痕迹，如七星瓢虫、红衣凤头鸟或者硬币。每发现一个，她们都会无比珍视。你铭记父亲的方式和你本人一样特别。相信你的感觉，并让它成为你的特别铭记方式。

父亲在世但不在身边

如果父亲还活着却选择离开，女儿的感受会和父亲已故的女儿大不相同。父亲还活着，女儿还有和他联系的可能性。可能是女儿去找父亲，也可能是父亲来找女儿。也许购物、逛公园、参加热闹的活动时，女儿发现原来自己一直在默默寻找着父亲。女儿会想象，有一天在街上偶然遇到父亲，也常常心里想着如果这一天真的到来了，自己会说些什么。有些失父女儿在网络上搜索过父亲，或是在脸书上找到了他。如果她通过亲戚，在网上看到了父亲分享着自己的生活，和亲戚有联系，和自己却没有，她心里就会尤为痛苦。

也许你想去和他对质，但你做不到。可能你想再接近他一点，但又不知道该怎么办。问问自己，父亲在我生命中应该占据多大地位？对比预期和现实，向身边能客观看待现实的人求助，让他帮你搞清楚什么才是现实的、对你最好的情况。认清哪些东西有益内心，哪些东西会让你痛苦(或者有可能让你痛苦)，做些让你能感到平衡的事情。找到那个平衡点，让自己跳出受害者的角色，是时候放下无法掌控的事了,别让它们消磨你的精力,同时,开始重新掌握自己的人生和自我价值。你真正想要的是什么?如果父亲不在身边,你在哪里才能找到自己想要的东西呢?哪些是别人认为你应得的东西?哪些是切实可行的,而哪些又是虚假的希望?你的精神在带你走向何方?

思考你和他生活的真相。6个月后、1年后,你想这段父女关系发展成什么样?作为内心平静的女性,你想成为什么样的人?制订好行动计划,列出实现目标所需完成的任务,珍惜自己的人生,让大脑从痛苦的思维循环中解脱出来。失父不是你的错,你值得被爱,也能够做到。

21岁的菲比(Phoebe)深知生父一直让自己失望是什么样的感受。

"我父亲刮刮乐中了几十万美元。他那边的亲戚里有人说漏了嘴,所以他们要我保证,不会告诉他我知道了这个事。我21岁生日的时候,他没给我打电话,也没送我礼物,我过完了这个生日,什么也没说。我的一些朋友过生日时收到了他们父亲送的新车、漂亮的首饰。

但我什么都没有，这真的让我很伤心。我沮丧至极、失望透顶，最后溃疡发作，不得不去急诊室看病。父亲却拿着中奖得来的钱疯狂购物，买了一艘船、一台摩托艇，还换了一辆新的越野车。一个月后，该交大学学费和医药费了。母亲尽其所能地帮助我，我自己还得全职工作，但还是差钱。我决定做一件以前从未做过的事——直接朝父亲要钱。但不顺利，父亲朝我大吼：'你们母女俩想吸干我的血！'说完便"啪"地挂断了电话。现在我们彼此已经不怎么说话了，当然以前也不怎么聊天。我一直都知道，如果我惹他生气，他就不要我了。而现在，我们有过的那点联系也永远结束了。"

如果父亲主动离开你，你可能会做出更多的努力调整对父亲的期待。内心苦涩和心怀希望之间的平衡确实很难把握，世上没有任何一颗水晶球能预见你们未来的关系如何，所以没办法知道未来会发生什么。但请记住这一点：过去是未来最好的写照。除非一个人真心想去改变，然后他/她的生活真的发生了重大改善，你才能指望得上他/她，否则江山易改，本性难移。对你而言，这就意味着得靠自己，为未来做好准备，想想他过去的表现，认清现实，即："我知道不能指望太多。能改的话他早就改了。我没法改变他的本性，也不会期待他能变个样，这样只会让自己一次次失望。以后，我会靠自己的内在力量，相信自己的智慧和韧性。"一直对自己说这样的话，时间久了，你就会相信事实就是如此，对自己的决策也会感到更坚定。

30岁的艾拉回忆童年，想起小时候父亲情感缺位，自己还一直问母亲关于他的问题。"比如'妈妈，为什么爸爸一次也不去看我的网球比赛呢？''妈妈，为什么爸爸晚上不坐下来和我们一起吃饭？''妈妈，为什么爸爸一直在打电话？''妈妈，为什么爸爸一直待在书房里，从不出来陪陪我们呢？'……时间久了，妈妈的借口就很容易被识破了，然后我就懂了，无论我做什么讨喜的事，都不足以让他放下电脑、手机来陪伴我。他就是这样的人，没有办法。我从来都不了解或真正理解他，当然了，他肯定也不了解我。说实话，我都不懂他干吗要生孩子。"

反复被忽略、被抛弃从不是一件让人轻松的事，这种事本身就不正常。是决定放弃这段父女关系，还是主动和父亲联系，再做一次改善父女关系的尝试？对女儿而言是个艰难的抉择。本不该要她们做这样的选择，但很多时候就是没办法。虽然有些时候，时间越久伤害就越深，但时间和空间也能带来解脱和释怀。安吉丽娜·朱莉 (Angelina Jolie) 就公开谈过她和父亲关系疏远。据报道，他们关系疏远是因为父亲婚内出轨。1976年父母离婚后，母亲独自一人养育朱莉和朱莉的哥哥。朱莉承认，在那之后，自己患上了抑郁症，吸过毒，还自残过。

朱莉的父亲是演员乔恩·沃伊特 (Jon Voight)，他曾在《走进好莱坞》(Access Hollywood) 上直言朱莉有心理问题，需要帮助。因此，在2002年，朱莉把自己的名字改了，去掉了沃伊特这一姓氏，并远离父亲。之后10年，父女关系断断续续处于疏离状态，最终和解。和其他失父女儿一样，朱莉的生活也充满着不确定性，她在情感上感到痛苦，试图让自己重新振作起来。之后，朱莉的父亲表示，确实没意识到家庭破裂后女儿所遭受的苦难。他说："我离婚的时候她还很小，所以听到她说这件事对她影响这么大，我还十分吃惊。不过回想起来，我其实发现她曾多次用不同的方式表达过自己的愤怒。"

你的经历和父亲的经历必然是不一样的。你要明白的是：是与他分道扬镳还是和解以及什么时候和解或者分道扬镳的选择掌握在你手中，也是你个人成长和自我意识的一部分。

如果父亲离开了你，在外生活，想到他就会让你感觉自己的情感难以找到一个"安身之所"。在一些日子里，想到父亲永远不会出现在你的生活中，你内心反而会感到平静，但过了一段时间又开始自我怀疑。如果和父亲之间有历史遗留问题，你就会变得更敏感，而且可能很难弄清自己的真实感受和自己能期待些什么。弄清如何放下或保持父女关系并非易事，但会非常有助于你在治愈的道路上不断前行。承认自己的经历，正视自己的需求和情感，再找到一个健康的方式说出经历、用心感受，并有针对性地做出行动，然后继续过好自己的日子。有了适当的支持，你会找到答案，也会得到应有的成长。

是的，这个过程需要时间，具体多久也因人而异。卡琳说，自己也是生了3个孩子、苦苦挣扎一番后才明白了自己想要什么。当时于她而言，父女关系的意义不同于现在。那时的她还没认清现实，所以关于自己的生父和养父，她很难做出对自己最有利的决策。她反复纠结应该对生父说点什么、要不要联系养父、如何和其他家庭成员一起应对现状。卡琳花了很多年时间深思熟虑、探索自己的灵魂，并接受心理咨询，终于得以找到内心的平静。随着卡琳的生父更多地作为父亲、外祖父参与到她的生活中，她终于对生父敞开了心扉，坦然接受了和他的关系。这对卡琳而言是件大好事，因为她和祖父、外祖父都不亲近，而看到自己的孩子可以与外祖父亲近是一件很美好的事。卡琳小时候很少看到父亲，但现在，他来看卡琳和孙辈的次数比家里其他人都要多，这真令人难以置信。时间久了，卡琳就不主动联系养父。当时，卡琳和养父已经疏远了半辈子了，她只能放弃幻想，想着养父不会成为她所需要的角色了。最后，伤心失落的同时，卡琳的内心又前所未有地平静和自由，一切都在治愈当中。你真的永远不知道你人生的画卷将会如何展开。

为你当下的生活负责吧。你是在将一切问题归咎于父亲还是在对自己负责？是不是故意让自己受伤？是不是一直有一种受害者心态？是否在做决定时，关注自己能掌控的有多少？琳内·福里斯特 (Lynne Forrest) 写过一本具有变革意义的书，名为《教你在生活中如何摆脱受害者心态》(*Guiding Principles for Life beyond Victim Consciousness*)。她在里面解释道："我们自然而然地认为当下的不适和苦难是外部因素或环境所致……但我们不开心的真正原因通常是我们对一件事的看法，而非那件事本身。"

是时候放下无法掌控的事了，别让它们消磨你的精力，而是要开始重新掌握自己的人生和自我价值了。一直处于受害者心态之中只会使你放弃对自己的掌控权，最终导致自己被其他人或其他事物所掌控，而你本不该被定义。

帮自己决定该做什么之前，问问自己下列问题：

- 父女关系中我真正想要得到些什么？
- 父亲是希望能随时陪伴、帮助我，还是他已经表现出不情愿的样子？
- 哪些是别人认为我应得的东西？或者我该期望从父亲那里得到什么？
- 哪些是切实可行的？哪些是虚假的希望？

要注意是你的内心（而非受伤的自我）在带你前行，我们能向你保证，一定不会前往受害者心态的方向。你需要做好计划来获得力量，并帮助你将你所寻找的快乐放在第一位。

可以将心理咨询纳入你的计划当中，学习如何解决没有答案的问题，也可以虔诚祈祷，为到底要不要联系父亲寻求答案。也许你无法联系父亲，那么你可以定个目标，让内心能更平静地放下这段父女情。除了心理咨询以外再找些其他事情做，分析决策中的利弊，善用你自己的力量。发挥你内在的力量并持续滋养，直到其变得更强大。

主动联系

无论父亲怎样离开了我们的生活，几乎所有失父女儿都有一个共性，那就是我们都有想对他说的心里话。或许是想要从父亲那里得到解释，抑或是想要从家人口中知道更多关于他的事。

我们的调查显示，多达91%的失父女儿都有话要对父亲说。受访的失父女儿中，有近一半的人想对父亲说"我当初多么希望你能多陪陪我"或"我曾很需要你"。许多失父女儿想对父亲说："你完全不知道我经历了多少痛苦。"还有人会说："我希望当初自己能帮帮你。"只有7%的失父女儿会告诉父亲自己不会原谅他，而28%的失父女儿则会说："我原谅你。"

你可能也有一肚子的问题想问父亲。很多受访的失父女儿表示，她们会问父亲为什么不多爱自己一点，或者就是为什么离开。你可能也一样，想要他亲口告诉你答案。无论你有什么样的感受，无论你想表达什么，对你来说都合情合理，只有你知道自己内心想表达什么。于你而言，关键在于吐露出来，无论怎样。

我们听到了很多这样的故事，许多没能和女儿联系的父亲觉得联系女儿为时已晚，或是感到害怕，或是觉得自己没能力处理好这件事。我们也看到，有许多父亲现在想要当一位慈爱的外祖父，以此尝试弥补对女儿的亏欠。毕竟父亲也是人，作为男人，作为父亲，他的自我也可能十分脆弱。有时建立全新的关系能有效弥合伤痛，但请现实一点，因为你很可能是在把自己引向更大的失望，这样可能会让你回到受害者心态当中，或是揭开还没愈合的伤口。结果可能多种多样，所以要做好准备，确保健康的应对机制和支持网络已准备好，随时可以支持你。

父亲离开的原因和方式能帮你解决心中的这个疑惑——你们的父女关系是不是结束了？他离开的情形代表着他的性格，也能让人看出他有多大可能会努力和你重建父女关系。

你想再给父亲一次机会的五大原因

1. 他某一天突然联系你，不求任何回报。
2. 你母亲只说父亲的坏话，还不让你自己去调查真相。
3. 他抛弃了你，交由他人收养，或自始至终都不知道你的存在。
4. 他成功完整地接受了十二步项目[2]的治疗，或者他改头换面、重新做人了。
5. 他没有机会对你好，而你真心觉得应该给他这个机会。

归根结底，是否回应你是他的选择，而找回还是放弃这段父女关系是你的选择。如果直觉告诉你，你可能并不清楚整件事的来龙去脉，同时你不会让自己处于险境之中，那你便可以主动联系父亲。

也许你只听了（可能是母亲或外祖母的）关于父亲的一面之词，多年来，父亲一直被妖魔化。她们的经历给了她们对父亲的这种感受，但你得自己去切身经历才知道他是什么样的人。

与父亲一起坐下来，然后听他一直讲话，这会不会让你心里有负担？和父亲互动前要摆正心态，确保自己能接受各种结果，并会尽一切努力看看之后会有什么结果。提醒自己你是在寻求真相，期待不要过高。尽可能地做好准备，保护自己，寻求支持。然后跟随内心的指引，同时叫上你信任的人陪你一起前进。

另一方面，是不是因为过去发生的事，所以你一直不想联系父亲？一定要留意自己内心的直觉。45岁的金表示，关于她父亲最好的建议来自她的心理咨询师。30岁的金解决"爹地问题"时，充满智慧的心理咨询师抬头看着她，说道："接纳父亲的这一过程中，让人难受的一点就是意识到有的人就是单纯的坏人。金，你父亲就是这样的坏人。他虐待你，心理也不健康。他不会变，像他这样的自恋狂就会觉得自己的行为理所当然。你的经历很让人难过，我对你走过了这一切深感惋惜。"消化吸收了心理咨询师的话之后，金很惊讶地发现，能够被认可让她感觉更轻松了！终于有人能让她讲出父亲的事了，让她不再感到内疚，最终也获得了更多的真相。多年以来，金一直有心理包袱，觉得自己要做点什么，甚至要竭尽所能来改善现状、改变父亲，让父亲爱自己，但从这之后，她终于解脱了。实际情况就是，我们无法改变别人，只有满足以下两种条件人才会改变：自己想改变，自己也有能力改变。别无他法。

如果你父亲是个大坏蛋，那想必你已经受了很多苦。你能撑过来真的很不容易，但不幸的是，只有在生活中避免和他密切接触，你才能继续保持身心健康。你可以为失去与父亲和解的希望而忧伤，因为放弃自己本该拥有的东西并为此伤心是一个重要的过程，而大多数人不曾有过你这样的经历，因此他们很难与你共情，反而问你："你为什么还想要这么坏的人出现在自己的生活中呢？"他们不明白的是，你的难过是因为想有一个父亲，同时又为自己的生活境况悲伤。生命中有些东西是你明明在抗拒却还是将它们紧紧握在手里，而想要放下，就得意识到这个东西是什么，并且学会放手。佛理中认为，对令人不快事物的抗拒是一切痛苦的根源。那么现在是时候结束痛苦了，我们希望你放下让你感到担心焦虑的事，健康幸福，为自己的生活增添希望。

如果直觉感到不妙，而且即便你知道这样会让自己受伤，却还在纠结要不要联系他，那么关于健康的关系界限，你就得想想以下的问题。

和父亲保持合理距离的五大理由

1. 他对你进行过性虐待、身体伤害或情感虐待，或给你造成过上述的创伤。

2. 他性骚扰过你、你的兄弟姐妹、朋友，或者其他儿童。

3. 他仍从事犯罪活动，包括药物滥用、暴力、偷窃、诈骗等可能让你置身险境的犯罪活动。

4. 他偷了你的东西，或是辜负了你的信任。

5. 他永远都扮演着受害者的角色，把问题归咎于他人，而不赖自己，要所有人满足他的需求，而自己则拒绝改变。

按经验和常识来讲，最好跟随自己的直觉，不让心里的小女孩所渴望的东西把自己领入歧途。你现在成年了，有判断力，能做出明智的选择。听听其他人的想法、家人告诉你的事实和自己直觉的判断。尽管是你自己做决定，但并不意味着你必须独自选择。别忘了自己的"替身父亲"，还有那些走进你的生活，帮助你、照顾你，并且一直这样做的好人，他们是降临到你世界中的守护神。在这样的时刻，他们能够帮你做出决定。

想父亲了？给你点建议

接纳自己、爱自己十分重要，能够让你脚踏实地，保持强大。因此，你得活在当下，不苛责自己，消除那些关于自己的负面想法和糟糕回忆。给自己的身体、大脑、精神一点时间，让它们恢复活力，重点关注需要加强的弱点。

意识到自己失去了父亲时，内心的虚空就像一栋房子一样大。当你感觉时间合适时，可以在一个安心的地方释放掉情感。不妨告诉你的配偶或伴侣一个提示词，这样在你特别难过或者需要一个人静静的时候，对方就能明白。比如你把"空间"当作提示词，一说这个词，你就让自己独自消化情感，无须在乎其他人的需求。卡琳的精神导师最近告诉她："哭吧，哭吧。哭能释放你的情感。"排解让内心得到治愈。你要倾听自己身体的声音，也要倾听自己的心声，以舒服的方式生活。

当你以某种方式向关于父亲的记忆致敬时，你对他的思念就会没那么强烈了。这样做能让你和父亲保持联系。有的女性再次参与到和父亲曾一同参与过的活动中时，会得到慰藉，比如到棒球场看比赛、看演出或者去一个特别的地方一日游。也有人通过参与志愿活动、筹集资金，或捐款给父亲支持或对父亲有特殊意义的事业，她们在这一过程中找到了目标和内心的平静。你要找到与父亲保持联系的独特方式，并将这种方式作为治愈自己的优先选择。

1　一种帽顶很低并有纵长折痕且侧面帽檐可卷起或不卷起的软毡帽。
2　十二步项目是一个通过一套规定指导原则的行为课程来挽回（治疗）上瘾、强迫症和其他行为习惯问题的项目。这个项目由匿名戒酒会发起，本来是作为一个治疗酗酒习惯的方法。

第八章

思想、身体、心灵都要向前走

俗话说：玩耍治愈身体，
欢笑治愈思想，快乐治愈灵魂。

想要好日子找上你、过上好日子，你就得改变自己的思考、行为方式，还要期待生活变好。也就是说，你要下决心不再让痛苦、怨恨限制你，否则你会一直处于受害者心态中。父亲节时，你当然可以感到遗憾，当然可以哭，也当然可以请求得到温柔细心的照顾。承认情感和表达情感是掌控的一部分，而如果抓着痛苦不放，还像以前一样过日子，那你的生活不会有任何改观。积极，才能成长。

大多数人因为害怕而抗拒变化。改变当然有失败的风险，但想要继续前行，你就必须勇敢面对。换个角度看，失父这件事就会立马大不相同。可能你过去一直抓着自己失父女儿这个身份不放，而现在你已经准备好摆脱它了。你决心以自己的所得而非所失来带领自己前进。你得学会并应用新的做事方式，并敢于探索陌生的道路。在你改变后，可能身边有的人不能接受全新的你。因为你已经准备好改变人生道路了，你在将想法付诸行动，你体内的能量就会发生转变，人们自然而然就注意到了。你会散发出光芒，吸引他人目光。

很快，你会发现自己成长了，你也应该去拥抱自己的成长。你大脑的判断会更加清晰，情感上洞察力会更加敏锐，精神上方向也会更明确。你可能感觉自己已经完全敞开心扉了，感觉自己正在经历更深的变化。生活会变得更轻松，世界会变得更美好。旧伤会开始慢慢痊愈，内心的平静和对过去的释怀会在心中扎根。与自己曾认为的相比，你能拥有的可能性要多得多。

掌控人生

你已经走了很长的路，请为此感到自豪吧。即便现在正面对着人生中的坎坷，童年也早已过去，你也成功走过来了。一路上，你一直都在倾尽全力。为了实现自己渴望的成长，你要活在当下，而不是活在任何其他的时刻里。

即便你不曾像其他失父女儿一样面临诸多挑战，也可能希望自己获得更多知识，努力理解自己的生活和过去可能对现在产生的影响。你迈步向前，想获得深刻理解、得到成长，成为最棒的自己，对此你应该为自己感到骄傲。自我意识能提高你人生的潜能，因为自我意识越强，你就会对这个世界和自己有更丰富的感知。

治愈过程包括更深入地了解自己和接受心里感受到的情感与反应，同时也要带着目标继续前行。有时你必须停下来，修复又出现问题的部分，而每次这么做，你都不再是之前的自己了，因为无论哪个方面你都变得更加强大了。治愈意味着学会将痛苦融入成长，并在允许自我变得更加强大、神圣的同时又留有人性。当你完全地接纳自己、接受自己、爱自己，并将痛苦和成长结合在一起时，你就会开始改变你生活中的方方面面。只要明白自己能够掌握人生，生活就会在各个层面上发生改变。先从清理掉沉积的堵塞物开始吧，包括心理障碍、让你痛苦的感情和没用的物品。

打扫屋子（无论是心灵小屋还是真实的屋子）会是成长过程中的一个重要环节。然而，我们建议，你在扔掉一些东西之前要先想想。可能有一些照片和纪念品给当下的你带来了痛苦，但或许打包放起来，等到你能不那么情绪化地回顾它们也是值得的。32岁的戴德丽告诉我们，她很高兴在父亲离开20年后自己发现了一些意想不到的事情。"父亲因为赌博，在我12岁时就离开家了。他说自己就注定不是一个过日子的男人。那段日子我过得很糟糕，因为我想扔掉所有能够让我想起他的东西。"

"我母亲把他在我6岁时做的一个娃娃屋藏了起来，那会儿事情还没有变得很糟糕。就在今年，我带着3岁的女儿来看望母亲，她把那个娃娃屋从阁楼上翻了出来，我很吃惊。如果母亲当初不把它藏起来，我就会扔掉它。然而，我意识到，对自己而言，拥有这个娃娃屋仍然非常治愈。女儿开始摆弄起娃娃屋，让我想起了曾经有父亲体贴陪伴的那些年。摸着娃娃屋，我回过神来，意识到有些回忆我应该珍藏。那个时候，父亲的确爱我，而我明白得也正是时候。我已经准备好接纳这一段回忆，也非常感谢母亲，她十分明智，即使当时身处痛苦中也能把玩偶屋'抢救'下来。我想告诉所有父亲已经离开的女孩，不要把所有的东西都扔掉。"

把一些蕴含美好回忆的东西放在储物柜最上层的盒子里，直到你准备好重新拿起它们的时候再打开。如果你珍惜有关父亲的记忆和纪念品，请保留那些能触发回忆的东西。不要忘记，留存在物件上的记忆和能量也会伴着你。你对一些物品、记忆或人留有正面的依恋，这些虽然可能让你想哭出来，但最终会改善你的生活，让你更能接受自己，并以这种方式帮你记住真相。而消极的执念则会让你对自己或自己的故事感到糟糕。当你看到、摸到或闻到某种东西时，如果你的本能反应是愤怒、怨恨或羞耻，那么最好的办法可能就是扔掉这个东西，扔掉那些给你带来痛苦的东西可以是比较刻意的、象征着你迈入更干净的人生的。要明白，每扔掉一些旧东西，你就能为新东西创造空间。

你可以自己决定给生活添加什么样的新东西和新活动。什么会让你快乐？什么会让你自我感觉不错？谁会让你想要变成更好的人？还有什么活动会让你感觉充满活力，觉得高兴又激动或感到强大？这些问题的答案都应该是能充实你人生的东西。把那些让你更自信、支持你，以及和你有相同爱好的人加入自己的圈子里。伴随着成长的是改变，而伴随着改变而来的是行动，做自己想做的事情，并享受这一过程吧！

心理自我

大脑拥有对人体的重要控制权，在生活中所发挥的作用比你认为的要大得多。自言自语的时候，你都对自己说些什么？大脑中的对话是你创造出来的产物，是根据过去和现在自己对世界产生的身体、情感和精神上的反应所创造出来的。你把自己对各种情况的理解转换成头脑中的话语，然后给它们贴上或对或错的标签，以适应内心的需求或恐惧。每个想法进入到你的身体里，如同操作指南一般，告诉你人生会如何展开，于是一切便朝着这个方向发展。

改变想法

思想的力量非常强大，它能够影响情绪、行为和态度，也是你在生活中获取力量的第一个补给站，因为你在掌控你的思维。许多失父女儿脑子里充斥着负面、充满批判的对话。你可以用一段激励而非尖酸的对话，来阻隔经常出现在脑海里的负面信息，即用一个想法代替另一个想法。

1. 首先，回想一个曾经伤害过你的人或者场景。有画面了吗？

2. 深呼吸，再来一次。呼气时，想象负面情绪也顺着口鼻排出体外。

3. 再次深呼吸时，屏住，闭上眼睛说"快乐"，回想上一次感到快乐的时候。将画面定格在脑海里，让精神沐浴在愉悦之中。感受到了吗？你做到了。

你有意识地转移注意力，因此体内产生了积极的神经递质，让你立刻振作起来。这些美妙的感觉，你想回味多久都行。身体所需一旦得到满足，就会给予你回馈。

你刚刚开始将消极想法一一替换，试着掌控自己的情绪。实际上，通过改变想法，你不仅替换了情绪，还彻底逆转了体内的能量。生活态度转变后，你的家人、朋友、伴侣、子女、同事，甚至路人对你的感觉也会随之改变。想要与什么样的人为伍，自己就要先成为那样的人。

失父女儿想要自我治愈，就必须明白自己的想法很重要，它会深刻影响你的世界观，控制你的情绪。而关于失父，你所告诉自己的、你所相信的和你所说的一切，既能变成枷锁，将你困在过去，也能化为翅膀，带你飞向未来。留一个课后心理小作业：安静坐好，问问自己下面这些问题并记下脑中出现的第一个答案。

1. 对于父亲的离去,我要对自己说什么?
2. 他的离去或过世让我如何看待自己?
3. 我怎么向大家解释他的离开?

思考这3个问题,你的所愿、所想和所言一致吗?记住,所想+所愿=所言。久而久之,你的想法会遵从现实,指引你走向爱、共情和希望。当你学会发出积极有力的声音,便能把指责、可怕和消极的言论抛诸脑后。这需要练习,也绝对可行,而且是活出自我的重要一步。

练习心口一致是治愈路上的重要一步;但如果你还没有迈出这一步,就要对自己坦诚。接下来几周或者几个月里,留出一些时间去扫除你的心理障碍。独处一段时间,弄明白自己的真实想法,不要受周遭杂音的影响。

一旦接受了自己每天的真实想法,你就可以开始给自己做心理辅导,转变非理性的想法,形成积极的认知模式,用爱善待自己。你可以通过训练大脑,来转变生理和心理上的感受。

生理自我

将自己的身体想象成一个三角。你的想法（心理）会影响你的感官（生理），进而影响你的认知（心灵），再回过头来影响你的想法（心理），循环往复。我们想什么就会感受到什么，我们感受到什么就会相信什么。

我们要有意识地努力让自身每个环节都不出差错，这样才能变得更加健康积极。

所幸，现代科学已经学到一些文明中已存在几百年的智慧——我们的思想有非常强大的力量，能够治疗我们的身心。要知道，诸如恐惧、愤怒、抑郁等情绪真的能导致生理疾病。研究表明，女性比男性更容易出现由压力引起的生理病症，因为我们消化情绪和过往经历的方式不同。

想想自己或者某个经常生病的朋友。她是否正因一次重大的人生变故苦苦挣扎，或是还在死死握着一件早该放下的事情？我们自己或者身边的人都有过这样的经历，经常感觉肚子不舒服、感冒或者偏头痛。也许你在经历脱发、睡觉磨牙或者失眠。身体的表现反映了心灵的负担。美国心理学会 (American Psychological Association) 称,三分之一的美国人表示自己曾因压力过大而生病。目前已经有大量的证据证明情绪痛苦能够引起生理疾病。长期积压的负面情绪总会通过某种方式释放出来。

一些失父女儿敏锐地意识到,压力会导致头痛恶心,但其影响远不止这些。抑郁会影响你的全身,潜在抑郁引起的压力会导致血压升高,免疫力下降。

众所周知,女性远比男性更容易感到焦虑、抑郁,而且这两种情绪障碍通常会同时存在。焦虑会导致抑郁,进而引发生理疾病。心脏病作为美国女性死因之首,早已被证实与抑郁症存在紧密关联。《美国心脏协会杂志》(Journal of the American Heart Association) 称:"与心理健康的女性相比,患轻度和重度抑郁的年轻女性因心脏病死亡的风险要高得多。"心痛也许起初只是情绪上的,但之后可能会演变成心脏的真实疼痛。

医学文献也有力地证明了许多其他生理疾病与抑郁有关,包括纤维肌痛、癌症、慢性颈部与腰部疾病。约翰·霍普金斯大学公共卫生学院 (Johns Hopkins School of Public Health) 的研究人员展开了一项长期研究,探究抑郁和癌症是否有关联。研究结果显示，有抑郁病史的受研究者患乳腺癌的概率比其他人高出4倍，而其他癌症类型中则没有发现类似关联。

多项研究表明，在少女和成年女性群体中，抑郁和颈部、背部疾病有关。26岁的安杰莉卡被生父弃养后，又遭养父抛弃，她在十几岁时被诊断出脊柱侧弯，需要动手术。手术要在她的脊椎里植入一根金属管，此外还要每天穿着一个背带23个小时，持续整整一年。自那以后，她研究了一些会导致背痛的原因。在一篇关于脊柱侧弯以及替代疗法的文章中，安杰莉卡发现了和自己类似的病例。从能量医学的角度，脊椎是身体的支柱，而幼时缺乏支持或者遭遇痛苦、愤怒的经历都会对其造成不利影响。安杰莉卡向我们诉说了她的遭遇："我现在明白脊柱侧弯是遗传病，但一般没有症状，除非有什么东西触发了基因——尤其在童年。了解到这些后，我立马将背痛第一次发作的时间和13岁那年的经历联系起来，当时我在生活中的很多方面开始感到沉重的负担，以及极度缺乏安全感。那时我觉得自己必须照顾妹妹和妈妈，但这个担子太重了。我的肩上真的承受了整个世界的重量，脊柱也因此变形。直至今日，当我因为同样的问题感到压力时，仍能感觉到背上那个地方在痛。"

很多美国人也在了解"心理、生理、心灵"的三角如何影响自己的身体健康，并且开始寻找传统疗法以外的疗法。整体疗法和补充疗法逐渐进入大众视线。调查过程中，大多数女性相信，谈到健康，一定要对心理、生理和心灵的联系保持清醒的认识。

丹娜在护士生涯里见过许多情绪压力引起的生理问题。"心态越好的病人恢复的速度好像越快，相反，被家庭琐事或情绪困扰的病人在恢复过程中会有更多阻碍。"许多受访女性都曾结合补充疗法、能量医学和现代医学来治疗她们的身心和心灵。

要是过去的情绪问题和如今的想法在"拔河"，那么身体显然会受其影响。放不下的怨念会导致头痛、肠胃问题和身体其他部位的疼痛（例如，下背部疼可能是由于缺乏安全感和稳定感；中背部疼可能是由于缺少支持，或者亏欠别人；上背部或者肩膀疼可能是由于身负重担）。你在生活的哪些方面感受不到支持？你为了一个人放不下的或者背负着的是什么？你在琢磨或者担忧某些事的时候胃会不舒服吗？对生活中正在发生的事情感到焦虑和恐惧会让你生病。在你试图理清头绪时，不妨试试按摩或者冥想。学会释放压力，将那些导致痛苦的因素排出体外。

你的身体需要平衡，所以要注意它发出的信号，找到在生活的哪些方面你会负担过重。坦然看待自己的需求、过往和能力，便能找到生活的宁静，有一个健康的身体。

帕特里斯的嗓子无缘无故哑了将近6个月。她的未婚夫出轨了，但他一直给她洗脑，让她觉得这一切是自己的臆想。她在这段感情里没有话语权，于是身体有了反应，嗓子就哑了。如果你的哮喘、支气管炎经常发作或者你会经常感冒，这可能是由于你精力透支导致的生理反应。

很多有血压问题的人似乎都陷在过去的创伤中或纠结一些情感问题；当我们感到失控的时候，可能会突然出现胃灼热。所以，要对即将发生的变化保持包容的态度，把幸福和内心的宁静放在精神生活的首位，身体便会跟随你的指引变得健康。

丹娜说："在这本书的调查阶段，我才发现自己身体的左半边竟然有那么多毛病。我左臂断过3次。左脚脚底有一次严重的割伤,断了好几根肌腱,险些伤及韧带,在康复中心待了好几个月才能重新走路。童年遗留的痛苦在我这里表现为身体左侧特定的病症,这一点露易丝·海(Louise Hay)也提到过。在治疗最困难的时候,我不得不进行脊椎手术。很长一段时间里,我的颈部也有问题,但我不想被病痛压垮。换句话说,护士的职业病让当时已经不能跑跳、身体也疼痛难忍的我,还是想着自医。后来颈部病情严重到快要手术的时候,我在个人生活中做了许多积极重大的调整,但还是很难放下过去的恐惧。"

"一个人太死板固执,脖子就会出问题。我当时订婚了,但对做出承诺这件事怕得要命。即便在心里知道他是我的真命天子,我还是怕自己弄错,而大脑则在不断试图确保我已经准备好了。老实说,我又去找了心理咨询师,想解决一直阻挡在我和真爱之间的最后一点'爹地问题'。婚礼3个月前,我做了一个颈椎融合手术。颈椎尤其能体现灵活度和回看过去的能力,而失父对我生活和身体的恶劣影响仍让我诧异。"凯琳也回想起自己曾反复出现支气管炎、慢性坐骨神经痛和脊柱侧弯的经历。研究心理、生理、心灵与疾病的关联时，她相信压力和创伤在身体上有非常具体的表现是很有依据的。

要为自己的身体负责。去做一次全身体检，了解家族病史，无论是心理上的还是生理上的。用知识武装自己，才能在这场健康保卫战里主动出击。满足身心需求，提供所需营养，滋养身心，将体内各个系统调整一下，让它们彼此有效互动。想想你在如何助推或阻碍这一过程：如果你出现了生理健康问题，请咨询专业的医学人士；如果你还困在过去的焦虑和痛苦中，不妨找一个合适的心理咨询师；如果传统医学帮不到你，就找一位全能医生或者进行综合心理治疗。找到问题的根源，身体就会有正向反馈。

精神自我

既然你已经放下过去，就是时候认真看待你的精神自我了，也就是你的本质。等你做好了准备，就问自己几个现实的问题吧：我为什么在这里？我来这里做什么？假如我不再按照他人的期望生活，我会做什么？

如果一时没有答案，那就不断追问自己。加百利·伯恩斯坦 (Gabrielle Bernstein) 是精神领域的畅销书作家和新思想领袖。她擅长教人如何冥想、聆听内心。她说："焦虑和压力大部分都在我们关注恐惧、与内心真实想法割裂时产生。"找个时间静下来，写下脑中的想法。手边随时放一本日记写下你的想法，并写在便利贴上，然后贴在浴室的镜子上，或者记录在手机或平板电脑创建的便签里。想一想，是什么让你不断燃起热情？在追求这些想法和寻求平静的路上什么一直在阻碍你？是哪些过去的消极想法在阻碍你获得幸福？

畅销书作家和神经心理学家里克·汉森 (Rick Hanson) 在2013年做了一场关于这个话题的TED演讲。他发现通过发展积极感受、放下童年以来的消极感受，能改变自己的大脑。他说："多年过去，如今成为一名神经心理学家后，我才开始明白自己到底在干吗。我不仅在改变思想，其实还在改变大脑。正如神经学家们所说：'神经元之间互相放电，才会建立彼此之间的联系。短暂的精神状态会成为长久的神经特征。'思想改变大脑，进而回过头来改变思想。"

尽管大脑倾向于关注负面经历，但汉森教会了我们如何去回味并增添美好回忆，将其纳入我们的思维模式中，然后将那些回忆永久固定到大脑中。逐渐将我们的想法和情绪转为积极导向，实实在在地改变了脑功能，进而改善健康，提升幸福感。想要做到这一点，你可以少回忆痛苦的过往，多想想生活里让你感受到爱的事物。

下一次，如果某一种感受衍生出负面情绪，进而带来更多感受，让你觉得自己不值得被爱、被守护时，你可以转移注意力。想想某个真心关心你的人，慢慢把注意力放到两人共同的回忆里，享受那种美好的感觉。回味10秒、20秒、30秒，享受这个过程，让你的大脑学会避开痛苦小路，踏上快乐大道。

塔拉·布莱克(Tara Brach)是一位冥想和情绪治疗导师，也是畅销书《全然接受》(Radical Acceptance)的作者，她认为一旦陷入消极思维或者自我批判，我们就会深陷恐惧当中，阻碍自己与外界的沟通。她说："生活中最大的悲哀莫过于我们明明可以得到自由，却总困在过去……我们想要毫无保留地爱别人、真实地做自己、感受身边的美好，以及随着生命的旋律起舞、歌唱，每天却又在听着内心消极的声音，叹惜自我的渺小。"

无论失父女儿年轻时学到什么或者靠自己领悟出什么，这都不影响她掌控自己的注意力，以及决定自己想成为什么样的人。而如果不断强调自己的不足，潜在的快乐便会减少，负面想法会在精神、心理和生理自我中停留甚至滋长。如此一来，身体就会对她的想法做出反应。思想是身体的能量来源。如果我们接受怀疑、羞愧或恐惧等人类都有的情绪，就不会为此批判自己，也就能放下这些情绪，更多地感受被爱，发现自己的才华，达到内心的平和。每次这样做的时候，我们就是在教自己如何找到幸福和满足感，无论面临过去记忆的何种威胁。

当你准备好走向一个光明的未来时，问问自己最想要的是什么。静静地听一听自己的心跳，是什么让你激动到心跳加速。梦想再大又何妨——你的心灵之所以拉你一把，正是因为你有这个能力。你想要什么？哪条是你一直想踏上却总被恐惧阻挡的路？你想象中真实的自己，那个忠于内心、不为其他人左右的自己在做什么？

如果你此时此刻有100万美元，可以做任何你想做的事，你会做什么？不用思考，无须衡量。你脑海里蹦出来的第一件事是什么？立刻写下来。这就是你的答案。

你想去旅行吗？写下想去的地方。想把爱好变成工作吗？列一张名单，写下能为你提供帮助、打开新可能性的人。想有自己的孩子吗？写下你想要给宝宝取的名字，贴在镜子上。开始收集能触动你的东西，比如阳光沙滩或者亮丽风景的照片，幸运饼干里写着鼓舞话语的小纸条，抑或是在杂志上看到的一篇颇具启发、写出你心声的文章。做一块愿望板，放上关于你理想生活的图片、文字或物件，把它们拼起来。大声说出你的愿望，别再用"绝不、不要、不可能"这种话了。当你说"我是_____"时，你在预测自己的未来。向世界发出强烈的信号：你想要的东西一定会得到，然后用各种办法让梦想实现，为生命中会出现的一切美好事物腾出空间。

因为生活充满压力，很多人早晨一醒来就开始焦虑。我们常常关注消极的东西而忽视生活中积极的一面。我们把自己压垮，不断向大脑和身体发送压力和恐惧的信号。但你可以改变。明早醒来，大声说出激励自己的话。在床边放一本励志书，每天醒来后就读一页。反复哼唱你最爱的欢快歌曲。大声说出你是谁，你想成为什么样的人。要相信一切皆有可能。给自己力量来绘制你所想要的生活的画卷。不断发出积极的声音，直到乐观心理取代悲观的想法，成为第二本能。每天给自己留出一些时间，在书房或者院子的静谧角落找一个可以冥想的地方，或者在床头放一个手绘花瓶，插满鲜花。去草地散散步，在树下躺一会儿，尽量不穿鞋吧。将自己置于美好的事物中，允许自己用高档蜡烛和瓷器。与那些过着自己理想生活的成功人士为伍，开阔自己的眼界。看到别人梦想成真，你就会明白自己的梦想也终会实现。

无论你在哪，让自己沉浸在静思中，直至平和，不受外界噪声干扰。幸福生活也会和你双向奔赴，而且它会如你所相信的那样美好。

祸福相依

回顾过去时，你是否折服于自己的坚忍？这就对了。正是因为你的内心拒绝放弃，一直在治疗自己的伤口，才成就了今天的你。你在治疗自己，这本就值得骄傲。我们明白你这一路遇到的艰难险阻，也明白你曾不断误入歧途，因为我们都经历过，但一路走来，你创造了属于你的奇迹。你愿意成长，去攀上更高的山峰，而这需要你内在的力量和希望，这也值得纪念。比起年少时，现在的你有了更多岁月的沉淀，大胆地承认这一点。

正如一位失父女儿所说："我想要从痛苦中找到意义。"没错，过去让你无法承受的一切都有其目的和意义。你无意中有了许多收获，它们帮助你成长，变得强大、有洞察力，即便你还没察觉到。

在对超过1000名失父女儿的调查中，我们让她们写下一个词来形容自己。出现最多的一个词就是"强大"。身体只有在肌肉紧绷、对抗另一股力量的时候才会展现出力量。精神上的每一份坚持，都会给予我们力量，给予我们一种没有苦难就根本没法磨炼出的毅力。你曾经可能想过，要是你的处境能有所改观就好了，现在在你有机会去获取那些经历赋予你的力量并对此心怀感激。

通过认识到这一路上所得到的美好，比如同理心、热情或者成功，你就能向自己和你的信仰 (无论你信奉什么) 致以谢意。这便是旅途上十分值得感激的一部分！你可以紧紧抱住自己和这份馈赠，喊出："我强大，所以我仍然屹立不倒。"不要丢掉曾帮助自己渡过难关的东西，因为你的故事会激励其他的失父女儿。打开自己成就的宝库，大方地为自己感到骄傲，把一路的收获分享出来。

其他失父女儿的收获

在对失父女儿的调查过程中，她们分享了治愈路上的收获，以及如何学会面对失父。太多时候，我们执着于自己错过的东西，而没有看到历尽苦痛后我们一路收获的品质、经历以及美好的感情。请思考并回答："如果我从没经历这些，那么我永远不会获得/遇见/学会____"。

在你读这本书的时候，回想自己的人生，跳出原有的思维，思考一下你的收获。为自己面对自卑、伤痛时展现出的坚忍和所做出的决定而鼓掌。你现在看到经历了这么多都挺过来的自己是多么强大了吗？回忆一下：你有没有帮助过有着相同遭遇的人？你是否得到了只有这些经历才能带给你的人生智慧、坚强意志、创造力或者至深的感情？回首那些最黑暗的日子，认可你获得的力量和陪伴，这就是你的"福气"。我们列举了20多个特点供失父女儿选择，我们很珍视从她们的回答中所学到的东西。

下文列出了失去父亲后她们认为生活中自己的收获。你也可以找个时间勾选一下，看看你和这些姐妹有何共同点。

收获

韧性	
挚友	
幸存者的意志	
宽恕	
更亲密的母女关系	
更清晰的自我认知	
与兄弟姐妹更加亲近	
生命的意义	
回馈他人的满足感	
艺术天分或创造力	
事业有成	

这个表格向你展示了生活的许多可能性以及其他失父女儿在治愈路上的收获。当我们心存感激，阳光就会透过云层，洒下前所未有的光亮。沐浴在感恩的光芒下思考，想想一路走来获得的其他收获——无论大小轻重，只要你觉得它是一份收获，就请把它写在这一页书的空白处，以此纪念它。尽情书写吧！

坚忍的你

　　我们研究发现失父女儿最常见的收获就是韧性，这在我们意料之中。直面逆境并挺过去后，一个人就会变得更加坚忍。你知道跌至谷底是什么滋味，你也知道如何翻过重重困难，这都在提醒你，你已通过考验，你很坚强。

　　你的力量和自我赋能造就了这一份坚忍，即便它背后是一些令人深感无力的经历。过去无法改变，但你也有了一些独特的情感和经历，没有相同遭遇的人是无法理解的。作为一名幸存者，你的故事能够激励其他失父女儿，帮助她们积极调整。

娜塔丽·沃佳诺娃（Natalia Vodianova）是一位享誉世界的国际名模，生在苏联，从小家境贫寒。2岁时，父亲抛弃了家庭，留下母亲和她们三姐妹相依为命，其中一个女儿患有脑瘫。一家人生活贫困，但母亲从未想过把三姐妹送给别人抚养，她为这个家付出了一切，到处打零工，还摆了一个水果摊来维持生计。正是这份韧性和努力支撑着她们走下去。尽管生活条件不好，母亲对三姐妹的爱还是激励了娜塔丽。17岁时，她有了自己的水果摊，生意不错。后来，她开始在巴黎当模特，迅速走红。她不是忘本的人，22岁时，娜塔丽创立了赤子之心基金会（Naked Heart Foundation），给俄罗斯和乌克兰的儿童，尤其是残疾儿童，建造游乐场和公园。娜塔丽说："童年给予我韧性，如今生活已经吓不住我了。"

袒露真相

或许你以前必须保守家庭秘密，无论是关于父亲的去世、母亲的辛苦、祖母的悄悄话还是自己的生活。可能曾经有人告诉你，要学会保守秘密才能让生活不变得支离破碎。但随着人生继续向前，你会发现守住秘密不是维系亲情或者其他任何感情的最好方式。所以，你面临两个选择，继续保守秘密因为你已经习惯如此，或者选择不同的道路，勇敢说出真相。说出真相就是要做到在情感上坦诚，尊重过去，而不是出于报复而泄露秘密。你的动机一定要好得纯粹，要用真诚的爱和包容看待现在和过去，通过真相来释放心底的痛苦。

真相让你(和其他人)勇于发声，又不会因此感到羞耻。也许你觉得必须要做保护自己的勇士，甚至可能还要帮助别人逃离被秘密笼罩的痛苦生活，所以你的生活增添了新的意义。真相有涓滴效应，能为他人赋能，使其去效仿自己的榜样。尽管面对真相起初会很痛苦，但是它的力量能斩断谎言和羞耻的枷锁，让你的灵魂获得做回真实自己的自由。

也许你已经决定成为这个家的勇士，通过揭开帘幕、找出埋藏多年的秘密，说出真相。也许你开始追问数十年来家人闭口不谈的问题，通过查找文件、质疑反问以还原故事的全貌。终于，你大胆发声，说出真相。

以前的你还是个小女孩，不知道这类事情该怎么应对；而如今的你，已然成熟并且明白了真相的力量。你可以为自己、家庭和后代找到解脱之路，不再被秘密所束缚。

杰姬，四十岁，跟我们讲述了她决定袒露真相的故事。

"我在一个充满秘密的家庭中长大。在外，我们以完美家庭的形象示人，从来不提家庭内部的暴力和不正常关系，所以我学会了完美地伪装。去教堂礼拜时，我们会面带笑容，扮演和睦的家庭，然而外人不会知道，出门前家中刚刚发生了一场激烈的争吵。在家里，爸爸会把妈妈狠狠地推到墙上或者拿东西砸她，然后告诉我们家丑不可外扬。

"慢慢地，妈妈发现越来越多的空酒瓶以及爸爸出轨的证据。爸爸变得越发暴躁，控制欲越来越强——但只在家里横行霸道。他打我们几个孩子的次数越来越多。我觉得他讨厌我，但被毒打一顿后，我还得去讨他的欢心。我把这些想法藏于心底，最后嫁给了一个和他很像的人。

"当我自己也遭遇了一段充满虐待的婚姻时，我终于听到了足以改变我一生的话。上帝不想让我们遭到虐待，而被爱不应当成为一种期待或者伴随着虐待。我没必要困在那个环境里！所以尽管这是一个艰难的决定，但我还是离婚了。我决定远离那些谎言，这让我感觉如释重负。

"我向朋友们如实讲述了自己的婚姻状况，也请了律师来解决我与前夫所有的问题和纠纷。我给父亲写了一封很长的信(虽然我和他早已疏远)，细数他曾经的恶劣行径并且告诉他我的感受。我将那封信复印，发给了家里的每一个人，让真相大白。说出真相永远地改变了我的生活，给了我一个从未有过的发声机会。"

尽管杰姬的成长过程中一直伴随着消极的想法，最终影响了婚姻，但她还是戳破了谎言，说出了真相，收获了她在日后人生里强大而积极的力量。

写作的力量

我们在本书开头请你写下了自己的失父故事，也请你写下了你的世界观，以及在成年后它可能对你生活的影响。

塔拉·帕克-波普(Tara Parker-Pope)在《纽约时报》发表了一篇很有见地的文章，叫《写下你的幸福之道》(Writing Your Way to Happiness)，谈论了表达性写作会带来的神奇效果。但有一个前提，那就是我们都有形成世界观和自我认知的个人故事，以及我们也可以改写故事来塑造我们的世界观。如帕克-波普所说，改写故事"可以改变自我认知、帮助我们认出阻止我们更健康的障碍"。正如我们二人在写这本书时，通过与他人交谈，重述我们的故事并获得新的视角。我们的叙述方式在整个写作过程中发生了巨大的变化，我们讲述自己故事的方式也一直在不断调整。这种方式可以让你以自己的口吻实实在在地记录你成长的真实证据。

现在，请停下来，写下对自我和对过去经历的发现。探索你现在对于过去的感受是什么及其原因，找到自己的真实想法；思考我们在本书中谈到的种种，发自内心地用文字表达出来。问问自己：我对自己过去的遭遇有更多的认识了吗？我的想法比过去更清晰了吗？我能在自己身上和自己的故事里看到成长吗？感激、认可和庆祝自己获得的每一点新认识是很重要的，因为你越认可自己不断强大的能量，你的生活就越会充满能量，这样才是最好的人生状态！

姐妹的支持

从过去的遭遇中挺过来后，你已然成了这一领域的专家。通过帮助自己和他人度过危机，你收获了智慧和洞察力，这些是你具备的极其强大的特质。

你曾观察他人如何正确或错误地处理危机，因此你会更全面地看待问题。年轻的时候，你可能就观察别人，然后把收集到的信息储存到你心里的文件柜中。你看到家人处理问题的方式大不相同，并持续关注着事态发展。你可能已经锻炼出了更强的阅人处事的本领和感受他人能量的能力，还能根据现实情况去预测未来走向并基于此给出建议。你可能已经获得了更清晰的直觉和相信第六感的能力。

朋友会来找你，因为他们知道你逐渐掌握了为人排忧解难的诀窍。可能在自己的生活里，你(暂时)还未将这种能力完善，但你绝对是帮助他人的一把好手。你可能已经学会了如何识别真相、痛苦、问题和需求，也很清楚为了你爱的人的幸福未来需要做些什么。过去的经历让你更加有智慧。朋友们相信，在你这里他们可以了解真相，并安心地向你倾诉。

许多失父女儿在谈到朋友时，都告诉我们相同的两件事：

1. 朋友需要帮助时往往会来求助她们。
2. 感觉朋友更像是家人。

你有能力安慰那些刚刚开始寻求治愈的失父女儿。因为你的经历，你成了这方面真正的专家，这和学位、执业证书、收入无关。这种智慧来自经历，它能为你提供一个帮助他人的好机会。通过与他人共情和给予他人指导，你不仅是在助人，也是在助己。通过将善意传递给他人，并将遭遇变故的消极能量转化为支持他人的积极能量，你正在将这一能力发扬光大。

为自己是他人生命中的最佳旅伴而自豪吧！但也不要忘记保护自己的能量源泉，以及不要付出太多。把自己放在第一位，永远。

喜剧女孩

一些喜剧演员也是从小失父。深受人们喜爱的已故喜剧演员吉尔达·拉德纳(Gilda Radner)在14岁时父亲因脑癌去世。在父亲生前，他俩非常亲近。她后来出演《周六夜现场》(Saturday Night Live)，就像我们中的一些人一样，她用喜剧应对痛苦。喜剧演员兼《谈话》(The Talk)节目的主持人之一谢丽尔·安德伍德(Sheryl Underwood)在2014年的一期节目中敞开了心扉，公开了自己童年时经历的痛苦。她小时候与父亲感情割裂多年，只因她暴力的母亲一直在对她撒谎，说她父亲在只有几天大的时候杀了她的双胞胎姐妹。谢丽尔说，5岁时，她目睹母亲用刀扎父亲，只因看到她试图与父亲亲近，而母亲因此很生气。所幸父亲活了下来，但这些经历影响了她的人生轨迹。

"有人问我的'幽默'从何而来，"谢丽尔在谈到她的才华时说，"对我来说，这源自我的愿望，即希望我在童年或其他某些时期的感受，永远别再有人体会到。所以我努力让每个人都开怀大笑，让他们快乐。"

身处逆境时，笑能帮我们减负，即便只是暂时的。失父女儿知道，逆境中的幽默确实会让情况变得不那么难以忍受。也许你已拥有了极好的喜剧节奏，讲好了你的故事，又或是被非常幽默的人深深吸引……无论你以什么方式找到了你的笑声，你的心灵都是渴望着它的，因为这能给你的生理、心理、心灵三角提供它们渴望的短暂休息和重启。作为女性，可能很难让自己偶尔就释放一下情绪。我们太过焦虑，不想变得幼稚，或者难以接受幽默。然而，你能给身体最成熟、最有爱的一个礼物就是大笑一场。

在此次我们对失父女儿的调查中，最常见的对健康应对机制的回答就是"笑/幽默感"，你对此感到惊讶吗？我们不惊讶。这是我俩（丹娜和卡琳）迅速成为朋友的最主要原因。

2014年，简·方达 (Jane Fonda) 在亚特兰大举办了"佐治亚州青少年力量与潜力运动" (Georgia Campaign for Adolescent Power & Potential/GCAPP) 赋权派对。在这场派对上，一名年轻女孩勇敢发言。她谈到了自己混乱不堪的童年和青春期早期自己怎么就下定决心要离开那个充满暴力的家。

在GCAPP资源的帮助下，她找到了一个安全的地方生活；这个地方不仅让她安心，而且有利于她往后的成长和发展。在演讲的最后，她说了一句非常触动人的话："那时，我需要的是帮助，而不是施舍。"这不正是我们处于绝望时的想法吗？因为她得到了需要的帮助，所以之后她不仅获得了大学奖学金，而且定下了目标，将来要开一个自己的儿童之家，帮助有需要的孩子们。

在整理这部分内容的那一周，我们听到了一个直接能用在这部分的信息，而且这不是巧合。亚特兰大北点社区教会(North Point Community Church)的执业牧师安迪·斯坦利(Andy Stanley)说了以下这些，好像就是特意说给我们听的："你与另外一个人有了相同的经历后，你就有特殊的能力帮助他，这一点其他人做不到。我称之为苦难团契(the Fellowship of Suffering)，意思是受过苦的人才有资格去安慰那些正在受苦的人。"比如你就有资格。如果你想安慰别人，请主动寻求机会。相信我们，机会总会出现，也请相信自己。当别人感谢你的帮助时，接受这份感激；感谢上天赐予自己智慧、同情心和幽默。

永怀宽恕之心

你收到过宽恕带来的礼物吗？对于某些人，宽恕可能是最好的选择。卡琳的母亲是一名长老会牧师，多年来一直教导她宽恕其实就是放下不该由她承担的东西。"宽恕"(forgive) 这个词来源于"给予"(give) 和"向前"(forth)，即给出去不属于你的痛苦。放下你不再想抓住的东西，因为它正在毒害你的身体。脱下受害者的厚重外衣，把它扔在身后。生活中有些人，我们应选择原谅，否则他们就会成为沉重的负担。无论是你的父亲、母亲、朋友、兄弟姐妹、前任，还是你自己，宽恕能让你的心灵得到极大的治愈。宽恕并不容易，这背后有很多原因。放手可能让你觉得是在放弃自己的力量。当你在认真考虑关于宽恕的积极和消极情感时，你面临的问题其实是要努力搞清楚自己能否真正释怀自己一直以来抓住不放的东西。

通过宽恕，你选择的是向前迈进。宽恕的过程充满着挑战，但它很可能是你能够给自己的最好的一份礼物。事实上，如果消化吸收了宽恕的真正内涵，你就会意识到宽恕无关他人，而是关乎你自己。

通过宽恕，你打开了消极的箱子，把痛苦还给了引起痛苦的人或问题。这不代表你对过去的事情已经无所谓了，也不代表造成痛苦的那个人不需要负责了，更不代表你在为问题的出现和解决担责。通过宽恕，你不必继续承担别人造成的负担，将它物归原主，还自己一身轻松自由。

到达这种明白的境界有着里程碑的意义。有时，家人仍停留在原地，不愿放下，但你再也不想这样下去了，所以你不得不独自前行。如果你就是这种情况，这很好。别让那些毒素或苦痛遗留在你的身体里残害你；释放它们，你便放开了会继续伤害你的东西。

寻找宽恕

这里有一些可以帮你在生理、心理和心灵三角上完成宽恕的步骤。

首先，找到并说出你想宽恕的人的名字和你想宽恕的行为。这是表达初衷，也能让身体意识到要释放出来些什么。这样的表达会帮你从软弱变得强大，因为你注意到了曾经控制你的东西,而现在正在变成对它掌控。

其次,承认与这个你想原谅的人或行为还有旧的纽带存在。疗愈之旅中最重要的一步是,看看自己承认一种情感后,你的生活,包括生理、心理和思想,整体上会受到何种影响。通常,情感可能会被当作疼痛或不适被抑制。花点时间找出身体疼痛的具体位置,那是你记忆点的身体表征。当你屏住呼吸的时候,你可能感觉疼痛隐藏在你的肠胃、脖子和肩膀里,或者更深的地方。既然你已经找到它了,就告诉它你要把它物归原主了。你不再让这一情感寄生在你体内,它带来一种不属于你的沉重感。把它释放出来吧。

然后,当你感觉自己正在把不可宽恕的痛苦从它的藏身之处抽出时,请记住你的心灵是受到了保护的。这不代表你对过去的事情已经不在乎了,也不代表造成痛苦的那个人不需要负责了,而是你不让过去的经历继续影响你。这能让你获得成长和力量,也是你生命中的一个重大转折点。(如果觉得这是对的)就请大声说出这些话:"我不会再被(那个人的名字)伤害我的行为所拖累,也不会让它定义我。我受够了脆弱的感觉,我要坚强起来。我这里已经没有它的位置了，我现在要把它物归原主了。"想象一下痛苦离开身体的画面——你的心灵、直觉、核心、大脑，看着它飞到空中，离开你的环境，再也不会回来。

最后，想象一个你想安放那份痛苦的地方，可以是遥远壁橱里一个封闭的盒子，把它放进盒子里，交到当初给你这份痛苦的那个人手中，或是猛地扔到你再也见不到它的地方。

只要你愿意，你可以用让你感觉良好的形式，反复想象这一过程。一些女性设计了一种"放手"仪式，方式是点燃几支蜡烛，或者在保证安全的前提下烧掉一张写有痛苦的纸条。怎么做由你决定。为你生命中的这一转变创造一个有意义的过渡仪式吧。之后，随着时间流逝巩固你宽恕的成果，谈谈你疗愈过程中积极的一面。不要说伤害你的人的坏话，抑制这一冲动，你要明白无论以什么方式说出的话都是能量，一旦说出就会生根发芽。让你身边的人知道你正在学着宽恕并向他们请求帮助，让他们知道你要改变自己生命的哪些方面，请他们在整个过程中爱你、帮助你，并提醒你宽恕的美好。

疗愈过程中，请做好心理准备，一些触发因素可能会出现，或者你可能会再次经历负面的旧情感，它们会让你变得脆弱。提前做好准备，以预防某些人或事试图把你拉回到痛苦当中，这样能清楚地知道自己要做什么。通过记住佛教"完全接受"的传统同情自己，在各种感受靠近你、穿过你、离开你的时候，它们不会用批判的眼光审视你。只要你需要，就去想象放手的过程，达到真正的宽恕需要一个过程。很快，你就会建立一种全新的、更强大的方式来对过去的伤害做出反应，你的思想、灵魂和身体反应会焕然一新，你会走上一条不同的道路，充满活力、希望和力量。

按照这些步骤练习，你会学会如何释放体内有害的能量，并拥抱全新的思维、自身的信仰结构和生命潜力。你久久不愿原谅的人和事曾在你的生活中占据很大的位置，而你要用美好将它们替换掉。

与母亲、(外)祖父母或兄弟姐妹更亲近的关系

如果母亲还在你的生活中，那么你很有可能和我

们调查的近一半女性一样,在过去数年里和母亲更亲近了。如果你由(外)祖父母抚养长大,那么这是你们赠予彼此的礼物。如果你和你的兄弟姐妹一同经历了许多,因为这些共同的经历,你们的关系可能会变得更加坚不可摧。

生活给了你酸柠檬,而你们坚固的家庭关系则将其变成了柠檬水。随着年龄的增长,你们之间的感情也加深了,因为你比小时候更能理解他们。如果你找到了一种灵活的方式与亲戚们坦诚相待,你就能找到一种平衡支撑你们每一个人。

卡琳说:"我现在和哥哥的关系比之前更亲近了。我们经历了一段非常艰难的岁月,因为我们对待年幼失父的方式截然不同。后来,我经历了一场非常痛苦的、轰轰烈烈的离婚(重新体验了被父亲抛弃的那种恐惧),但他站了出来,所以我失去了一个男人,得到了另一个男人,也就是我哥哥。他开始保护我,信任我,为我挺身而出,这是我从父亲那里从未得到过的。我们的关系至今非常好,我知道他会一直支持我。

"我和弟弟的感情也越来越好,因为多年来,我们会一起讨论过去的家庭生活，倾听彼此成年后的经历和感受。时间和为人父母的经历让我们有了更深刻的感悟和看问题的角度，因此我也很享受和他独处的时光。如今，我们更加专注地倾听彼此，对于对方的遭遇也会给予极大的同情。哥哥和弟弟是我经历风雨后迎来的彩虹。"

丹娜说："好几年里，我会在父亲节给妈妈送祝福卡片，因为在很多方面，她对我来说既是父亲又是母亲。当我跌倒时，她总是会接住我，而最棒的是，她总能和我相向而行。在我接受针对失父的心理治疗期间发生的事情就证明了这一点。她坐在电话的另一头，我向她转述着每一个我艰难获得的启示，但她从没要求我明白她所想说的。她和哥哥全程陪着我，而且我知道这对他们任何一个来说都不容易。我的妈妈定义了何为母亲——无私付出，并保护、鼓励和爱孩子。

"成年后，我花了很长时间，试图回报她对我的付出。如今，当我回顾童年的悲惨遭遇时，我明白了，上天对我和我哥哥的未来其实有着绝好的安排。上天知道，我们的母亲不仅能独自应对，而且会应对得很好。我希望有一天，当我终于登上舞台进行我的第一次TED演讲时，妈妈和哥哥能够坐在观众席前排中间的位置。"

加深自我认知

如果你愿意更严格地审视自己，进行反思与调整，并找到真实的自我，你就能加深你的自我认知。如果你愿意向自己提出一些尖锐的问题，你就在更好地认识自己。通过探寻你生活的模式和对自己负责，你就能充满智慧与力量，最终过上你注定要过上的生活。根据内心的需求做决定，你就会以你早该使用的方式尊重自己。由此，你就能明白你是谁。

自我认知是让生活过得充实且有意义的催化剂。你会发现人生有得有失，还有经验教训，而你也会慢慢意识到自己的那些得与失以及经验教训是什么。你也在理解自己的弱点和优势，并接受自己仍需要成长的事实。自我认知到达这一阶段时最美妙的就是你所表现出的力量和平静。当我们进入一个房间时，我们都会散发出能量，无论你称之为气场、气氛、精神、气质，还是情绪，大家都能感受到它。达到更深层次的自我认知后，我们的前路便会更加光明，因为我们学会了不让愤怒、报复或评判左右我们前行。我们接受真实的自己，所以我们更容易接受别人，包括他们的缺点。他们能感觉到这一点，也会因此信任我们。美妙的是，我们也学会了相信自己。

你就是最美好的礼物

请牢牢记住，尽管你有过痛苦，但你也因此更加了解真实的自己。

断开与父亲之间的关系时,无论你经历了什么,那些都是大的痛苦和创伤,甚至会让你动弹不得。接受他离开的事实,想清楚之后你要如何生活,这些都需要时间。寻找答案的旅程少不了挣扎和泪水。而在时机成熟时走出痛苦,并发现自己收获了什么,离不开信念。你从不知晓的另一个自己则是你历经苦难后所获得的一个宝贵礼物。

明天不必像昨天那样痛苦,恰恰相反,它可以过得比你想象的还要满意。这取决于你,你的梦想在等你实现。

后记

打出"后记"这个词时，我们是喜忧参半的。这意味着我们已经完成了这份我们热爱的工作，我们共同的梦想终于实现了，也意味着我们和许多其他勇敢的失父女儿一起，分享了我们的秘密、不安全感和生活。一路上，我们祈祷自己能有足够的智慧来帮助你们，同时也帮助我们自己。把秘密分享出来，它就不再能掌控我们的生活了。通过放手，我们给了自己一份全新的自由。

写作是一种神奇的宣泄方式，因为它能让心底无法言说的情感通过文字来述说。这些文字开启了我们所有人之间的无声对话，直达心灵，并让我们对自己、对彼此都有更深入的了解。我们希望通过本书你已经获得了一些启示，并能感觉到自己在成长。当你开始摆脱悲伤和愤怒时，内心的平静也即将到来。我们到达这一刻的时间点不尽相同，但我们希望，在拿起此书时你就能迎来属于自己的那一刻。

丹娜说：

"对我来说，父亲永远定格在42岁。每每想到我再也听不到他叫我的名字，或看不到他抱着我的孩子，我还是会很难受，但在我保存的照片中，我能看到他。看着照片。我能发现他曾经是那么活力四射又生机勃勃，对了，他还很帅。这些照片讲述着变故发生前关于我的青春与纯真的故事。我的钱包里有一张父亲把我和哥哥抱坐在腿上的照片。照片里，我看到一个男人充满爱意，把他的孩子紧紧抱在怀里。照片中的他看着我，戴着那副标志性的墨镜，嘴角挂着灿烂的笑容。他很快乐，我们都很快乐。多年来，我都没法看这张照片，它对我的冲击太大，能直接刺痛我的心，但我还是把它带在身边。因为那时候我想让父亲陪在我身边，尽管我还没有准备好。

"这些年来，我经常告诉别人，我并没有真正了解我的父亲，因为他去世得太早了，而现在，这本书给了我了解他的机会。书写成之后，我就相当于找到了自我和父亲。是写作把他带回到我身边，这就是为什么我现在又有些难以释怀。我现在对他的看法变了，我更了解他了，更重要的是，我更了解自己了，而且也明白了为什么这一切发生在我身上。我注定会来到这里为你们提供帮助。是的，我仍然会感到痛苦，有时还是会哭得像个孩子，但现在的我泪中是带着笑的。我笑着回忆，笑着去看生活如何神奇而完美地画了一个圆。

"我对父亲第一个真正的记忆与魔法有关,至少一个蹒跚学步的孩子会觉得那是魔法。那是在20世纪70年代初,汽车经过桥下时,车载收音机就会收不到信号。我们行驶在州际公路上,跟着收音机一起唱着船长与塔妮尔组合(Captain and Tennille)的《爱让我们在一起》(Love Will Keep Us Together),这时父亲告诉我前面会经过一座桥,在桥下他打个响指就能让音乐停下来。'爸爸,我也可以吗?'我问道。'当然啦,亲爱的,你可以做到任何你想做到的事。'他悄悄地跟我说。快要开到桥下时,我们一起打了一个响指,音乐就立马停止了。他立刻鼓励我再打一个响指,唤起音乐。啪!啪!就像魔法一样,音乐又开始播放了。我们都不曾想到,他的鼓励会伴随我的一生。

"对于一些失父女儿来说,她们和父亲在一起的时间被缩短了,她们需要的不只是这些时间。对于另一部分失父女儿来说,在与父亲在一起的时间里,她们充满了失望。无论现在或过去的情况如何,我们通常都希望了解发生了什么,然后带着这份理解作为女人继续成长。把这段过去作为一个参考点,需要的时候回去看看,但不要留下，因为你不是活在过去，现在的你不必靠痛苦去获得成长。

"成为失父女儿意味着要明白什么该放手、什么该抓住，这就像是在跳很难的舞。在我们的调查中和我们的社交媒体页面上，我们听到了成千上万名女儿、父亲和母亲的声音。通常，这些女儿都在寻找一个能让自己自在地分享故事的地方。这些来自世界各地的故事都隐含着同样的信息，即她们想要答案，想知道如何能让自己好受一些。我们希望通过这本书，女儿们明白自己并不孤单，无须一直陷在痛苦之中，最终能够回归内心的平静。我们每个人都有成长空间，我们所要做的就是主动接受挑战，让成长融入我们的细胞当中，直到我们学会自我成长。这是一个学习的过程，而且每一步都是成长。

"联系我们的那些父亲想要的也一样。他们希望被倾听，也表明他们中有很多人都渴望进入女儿的生活。他们愿意一步步地努力，但他们不确定该如何去做。我们最大的希望就是，这些父亲和他们的女儿都能找到彼此间的联系和内心的平静。我们想对父亲们说的是：'请待在女儿的生活里。如果你缺席了，现在就回头去找她。

让女儿知道你爱她,让她知道自己值得你回头。'

"很多母亲也联系了我们,想知道如何帮助她们的女儿。因为丈夫要么离开,要么英年早逝,许多母亲还在因自己的失父经历而挣扎,祈祷自己能坚定地从痛苦中走出来,朝着正确的方向前行。她们想摸索出方向、得到启发,去填补女儿生活的空白。她们想知道如何应对前进路上将会遇到的事,也想要用知识和同情心来武装自己帮助女儿。她们可以的。"

卡琳说:

"和我最好的朋友丹娜一起写这本书不仅让我成长,也让我的生活发生了蜕变。这段旅程让我们真正拥抱了自己和彼此——两个值得去爱的、有血有肉的、坚强的女人(还都是狮子座)。写这篇文稿时,得知两人如此步调一致,我们曾为此欢呼、哭泣、大笑、退缩、前行,它也让我们敢于说出真相,即使真相很伤人。这个创造性的过程让我们的友谊和个人身份认同产生的飞跃很不可思议,我对此十分感激。

"我作为一名心理咨询师开启了这段旅程,而当时自己还在接受治疗。我试图解开在各类关系中一直困扰着我的童年痛苦。我发现我给自己写了很多次信。通过写作把知道的事实表达出来——这一疗法带给我生命中最治愈的时光。丹娜和我经常会给对方打电话，因为在处理事情时突获启发而向对方倾诉，或为对方明确指出来。这样的情况经常出现。曾经，我需要不断成长，这意味着要说出自己的遭遇，相信自己的直觉，并把自己的需求放在首位，而我之前一直没学会。在丹娜的陪伴下，我做到了。

"在这段旅程中，我与父亲的关系也发生了巨大的转变。我要选择坚持或者放手，这两者都让我觉得很受伤。我的生活中最美好的事情是什么？什么值得我投入精力和爱？我知道你们很多人在读这本书的时候也有着同样的挣扎，我希望你们和我一样，已经在有人陪伴的时光里得到了清晰的答案。

"我必须深入审视自己对过去的认知，思考对于未来自己能真正期望些什么。我必须考虑一下自己其他人际关系的意义或痛苦，并诚实面对哪些关系能让我最为受益。这样做的时候，我关注着身体给当下的我发出的信号。我仍然让秘密和伤口住在我的身体里，模糊我的声音，让我无法安定下来，失去安全感。我一直在放任这样的场景反复上演。

"父亲抚养了我，但我却无法再进入父亲的生命了，接受这一痛苦很困难。我心里一直住着一个小女孩，我一直希望那个小女孩能获救，她太美好了，我没办法松手。可是她从未获救，我不得不放弃希望。我们之间早已产生巨大的隔阂，我得看好久好久，才能接受隔阂的存在是有原因的。我必须找到内心的平静，还要安慰自己：并没有因为放手而变得脆弱，反而变得更强大了。我不会再做受害者了，我会成为一名强大的女性，知道什么对自己和孩子来说才是最好的。

"与小女孩的关系释怀后，我学会了再次拥抱我的亲生父亲。成年后，我和父亲就变得更亲近了，但我不能安心地跟他坦露我的真实感受。赤裸裸的真相浮出水面，那是一种害怕被拒绝的担忧。但当我最终开口时，爸爸并没有拒绝。他没有打断我的话，只是听着。我不能再停留在对过去的否认当中了，在生命中，我需要真正的父亲。

"我花了40多年才告诉我的亲生父亲，我觉得自己被他抛弃了。告诉他，我需要他说声对不起。那一天，我们的关系发生了翻天覆地的变化。我们越发亲近了，每见到他一次，我就越发意识到我多么需要他，我找到了我的另一面。我不确定，如果不是因为我要写这本书，我和他之间是否有人敢于打破坚冰。一路走来，妈妈一直在倾听我，支持我去迈出每一步，敲出我在书中写下的每一个字，即使有时这意味着要面对残酷的真相。这需要勇气，因此我对母亲怀有深深的敬意与爱。"

我们都有各自的故事。我们希望你学会了如何正向引导你自己的失父故事继续展开。你必须相信自己内心的声音。这个世界和爱你的人们都在支持你成长。

痛苦可以带来好的改变。希望我们已经帮助你取得了进展，摆脱停滞不前的自己，开始迈着自信的步伐坚定前行。我们面临相同的处境，彼此扶持会让我们的问题更顺利地得到解决，这首先是为了我们自己，其次也是为了跟我们一样的失父姐妹。既然我们让你成为我们姐妹中的一员，希望你也已经受到鼓舞，继而将这份善意传递下去。找到真实的自己，找回自己的声音，恢复你的力量。理解发生在你身上的变故，再次掌控自己的生活。你心里的解决办法其实和我们的一样多，现在都已写进这本书中了。在迈向光明未来的时候，请带着对一路走来你自己所学会的一切的信任出发。

致谢

写书不是一件容易的事情。在写这本书的过程中，我们遇到了很多挑战，比如重大的人生转变、所爱之人的离开、家人病重、工作和职业生涯的问题、技术事故、个人挣扎、家庭变动，还有5个孩子要抚养。没有人知道明年会发生什么、改变什么，又会让你失去什么，而在这个过程中，我们永远地改变了。在咖啡馆、操场、候诊室、博物馆和拼车过程中我们都在写这本书；在家里的各个房间，孩子们（还有一只活泼的狗）在我们的旁边爬来爬去的时候我们也从未停笔。我们曾经失眠，脸上长出皱纹，染发后长出黑发也来不及补染，只因为心中的一个目标——肩负起帮助失父女儿的使命。

　　有时我们会哭，觉得写不下去了，但对这本书的热情最终会让我们重新回到电脑前，带着每个新阶段获得的新的理解、活力和灵感继续写作。这段经历千金不换，它让我们更了解自己，发掘出以前我们从未知晓的东西。但这本书不只是我们两人的事。

　　当我们在朋友和陌生人面前谈到这本书时，神奇的事情发生了。大家变得更加勇敢、坦率。她们渴望分享自己的故事，言语间充满了感情。大家讲述着那些从未分享过的回忆，谈起还未得到治愈的感情关系。有人问如何才能帮助好友接受父亲的离世，有人作为一名单身母亲，在努力寻找抚养孩子的方法，有人表示找到同伴对她们来说意义非凡。她们想知道我们学到了什么，也希望分享自己的收获。

卡琳总是谈到生活会与我们双向奔赴，只要我们愿意，生活就会向我们发出信号。在做这本书最后校订的时候，我们俩一直住在一起。一天晚上，我们正在校订第七章，丹娜见证了一件不可思议的事：我让卡琳的儿子韦斯特（West）去给我拿一罐健怡可乐（Diet Coke）。卡琳和我正并肩坐在她的书房里，我们聊到了我有多想爸爸，百感交集。在我们的写作过程中，我看着卡琳越来越了解她父亲，这虽然让我很高兴，但也让我意识到这些事永远不会发生在我和我父亲之间，顿时心酸。我把那罐可乐全倒进了杯子里，一滴不剩，随即擦干了眼泪。卡琳突然不说话了，瞪大了眼睛抬头看着我说："天哪，你看可乐罐！"（那段时间在可乐罐上找自己的名字非常流行）我把可乐罐转向自己，看到了用粗体红色印着的"爸爸"。我们盯着这个罐子感叹道："天哪。"原来父亲就在我身边。正是像这样的时刻，让这段旅程变成了一份真正令人惊喜的礼物。我们的友谊和对彼此的理解也在这段旅程中加深了。如今我们亲如姐妹，对彼此的爱也坚不可摧。

很多帮助我们完成这本书的女性不仅贡献了她们的专业知识与技能，而且讲述了自己的亲身经历。她们的生活就是我们必须要写这本书的原因，而你的坚忍也在这一路上一直激励着我们。我们希望用恰当的文字来讲述她们的故事、分享她们的坎坷和成功，并且帮助读者成功走向治愈。

首先，我们想要感谢我们的经纪人温迪·谢尔曼（Wendy Sherman），因为她一直敦促我们将这本书打磨到最好。温迪，你是个善良的人，胸怀宽广，天生就是当经纪人的料。你真的太厉害了。谢谢你平时在开着车的时候还与我们交流工作，在破晓时分还在回我们的邮件，帮助我们找到了正确的方向。你是我们的良师益友，一直激励着我们。

我们在企鹅兰登书屋（Penguin Random House）的编辑卡洛琳·萨顿（Caroline Sutton），谢谢你相信我们，也明白这本书的意义。这个项目能够顺利完成，离不开你卓越的眼光和指导。希拉·库里·奥克斯（Sheila Curry Oakes），我们很高兴你能贡献自己的才能和智慧，帮助我们将手稿打磨好。斯特凡妮·阿巴伯内尔（Stephanie Abarbanel），谢谢你的善良慷慨，在我们开启这段旅程后提供了许多帮助和专业知识与技能。还要感谢坎达丝·利维（Candace Levy）、营销专家罗舍·安德森（Roshé Anderson）、公关专家路易莎·法勒（Louisa Farrar）。

非常感谢我们所有的外聘编辑和超棒的支持者们：内利耶·莱曼（Nelie Lyman）（没有你就没有这本书）、杰米·波普（Jamie Pope）、达娜·斯皮诺拉（Dana Spinola）、辛迪·伊特科夫（Cindy Itkoff）、埃米·克莱（Amy Clay）、拉肯·拉德万斯基（Laken Radvansky）、凯特·斯温森（Kate Swenson）、伊丽莎白·怀特（Elizabeth Wright）、吉尔·埃奇库姆（Jill Edgecombe）、特拉奇·梅奥（Traci Mayo）、卡罗尔·马赛厄斯（Carol Mathias）、罗宾·芬利（Robin Finley）、卡西·德拉尼（Cassie DeLany）、金伯利·卢辛克（Kimberly Lusink）、梅利莎·富拉姆（Melissa Fullam）、考特尼·鲍曼（Courtney Bowman）、吉姆·希普利（Jim Shipley）、朱莉·舍格鲁德（Julie Sheggrud）、阿普丽尔·范德波特（April Vanderpoort）、托

德·彭宁顿和梅利莎·彭宁顿(Todd and Melissa Pennington)、E.J.阿斯普鲁(EJ Aspuru)、伊丽莎白·理查兹(Elizabeth Richards)、埃达·李·科雷尔(Ada Lee Correll)、卡洛琳·勒弗勒尔·洛夫廷(Caroline LeFleur Loftin)、朱莉·隆吉诺(Julie Longino)、洛朗·富尔福德(Lauren Fulford)、斯塔奇·德莱桑德里·莫纳汉(Staci Delesandri Monahan)、贝拉·博尔冯(Bella Borbon)、雅姬·艾伦(Jackie Allen)、斯泰西·埃尔金(Stacey Elgin)、蒂法尼·麦克纳里(Tiffany McNary)、金伯利·肯尼迪(Kimberley Kennedy)、克里斯滕·吉布斯(Kristen Gibbs)、莱斯莉·麦克劳德(Leslie McLeod)、内奥米·曼(Naomi Mann)、安杰拉·米恩斯(Angela Means)、尼基·费恩(Nikki Fein)、斯泰西·加兰(Stacy Galan)、莫妮卡·皮尔逊(Monica Pearson)、金·莱普(Kim Lape)、保拉·迪基(Paula Dickey)、万达·罗杰斯(Wanda Rogers)、托尼亚·肯尼(Tonia Kenny)、米斯蒂·克莱尔(Misty Clare)、丽莎·戴维(Lisa David)、科琳·巴布尔(Colleen Babul)、汤姆·伯德(Tom Bird)、马特·拉格尔斯(Matt Ruggles)、梅格·雷吉(Meg Reggie)、杰米·拉蒂奥莱斯(Jamie Latiolais)、迪迪·格拉斯(Deedee Glass)、夏洛特·奥特利(Charlotte Ottley)、阿米蒂·博尔克(Amity Borck)、埃米·斯蒂芬斯(Amy Stephens)、玛妮·威特斯(Marnie Witters)、卡伦·拉

瑟福德 (Karen Rutherford)、罗宾·斯皮茨曼 (Robyn Spizman)、艾琳·戈登 (Eileen Gordon)、布里塔尼·威尔逊 (Brittany Wilson)、纳塔莉·德马科 (Natalie Demarko)、盖尔·菲利伯 (Gaelle Philbert)。

我们也很感激一路到访过的所有地方以及从中获得的收获：南希·G咖啡馆 (Nancy G's Café)、卡里布咖啡馆 (Caribou Coffee)、52季餐厅 (Seasons 52)、"肋排"牛排餐厅 (Chops)、甜心酒吧 (Tootsie's)、法布里克服装店 (Fab'rik)、约拿咖啡馆 (Café Jonah)、魔法阁楼服饰店 (the Magical Attic)、爱与光活动中心 (the Center for Love & Light)、乡间小屋录音室 (The Lodge)、核心工作室 (Core Studios)。特别要感谢贝丝·韦茨曼 (Beth Weitzman)，她介绍我们俩认识。同时特别感谢每一个拿起这本书并把爱传递出去的女儿。此外，还要感谢我们了不起的"失父"非营利项目的董事会成员。你们每个人都在帮助我们改变世界各地失父女儿的人生。

丹娜

我必须要感谢上帝，让我学会如何应对失父。感谢我的母亲玛丽·多宾斯 (Mary Dobbins)，在我努力让全世界的每一个人都能理解父母在女儿生命中的重要作用时，一直鼓励我、关爱我、倾听着我。

我的丈夫乔恩·巴布尔（Jon Babul），他深爱着真实的我，是个非常善良的人。我会永远爱你。感谢我的两个乖孩子索菲娅·布勒（Sophie Bleu）和韦斯顿·格雷（Weston Grey），填补了我心里的缺口，让我再一次变得完整。感谢我无私的婆婆乔安（Joan），在任何我需要帮助的时候都能及时出现。

感谢我的哥哥小吉姆·多宾斯（Jim Dobbins Jr.），童年时我俩亲密无间，你总能逗我笑。还记得小时候我跟妈妈告状，说你把我腿弄淤青了，但其实那是我自己抹上去的眼影，现在想想真抱歉。

感谢我的爸爸吉姆·多宾斯（Jim Dobbins），我很感激我们曾共度的那段短暂时光。我知道你仍在我身边，指引着我走过这精彩人生。

感谢我的两位好朋友，特里纳·温德（Trina Winde）和丹尼丝·布拉纳姆（Denise Branham）。命运将我们聚在一起，我非常庆幸这段旅程中有你们的陪伴。再次感谢我的哥哥吉姆，以及我的比尔（Bill）叔叔和艾伯特（Albert）叔叔，你们充当了我的"替身父亲"，并成就了如今这个自信又成功的我。特别感激妮科尔·厄格尔(Nicole Ergle)，从我的两个漂亮宝宝出生起，她就一直照顾着。感谢来自鹰儿之家(the Hawks)的所有保姆。

感谢多宾斯一家、巴布尔一家、史密斯(Smith)一家、苏勒斯(Surles)一家，以及托马斯(Thomas)一家，你们鼓励我无论如何也要讲述自己的故事。谢谢你，德韦恩(Dwayne)。感谢卡琳·露易丝(Dr. Karin Luise)陪我踏上这段旅程，这一路上我可是吃了她不少的黑巧克力，喝了不少冰镇比诺葡萄酒(Pinot)来缓解压力。感谢丹尼·贝尔克(Danny Belk)、埃里克·洪罗斯(Eric Honroth)、泰勒·布洛克(Tyler Bullock)、麦克·麦卡利(Mike McCully)、肖恩·埃泽尔(Sean Ezell)、彼得·H.道布勒(Peter H'Doubler)和皮特·韦尔伯恩(Pete Wellborn)，感谢你们的指导。

卡琳

我感谢上帝、我的天使们，还有我的人生向导们，感谢你们一路上一直保护我、指导我、支持我。

感谢我的孩子们，韦斯特、埃莉斯(Elise)和瓦特(Hoyte)，你们是我用一生去祈祷来的奇迹。平日里，你们聪慧、风趣又精致的灵魂教会了我去感受最真挚的爱。谢谢你们提醒我要享受当下的快乐。

谢谢法克(Fack)一家、格雷夫斯(Graves)一家、富尔福德一家、克勒贝(Klebe)一家、科雷尔(Correll)一家、史密森(Smithson)一家。作为我特别的"家人"，你们在这趟旅程中一直支持我。乔(Joe)，谢谢你对我们孩子的爱。

感谢我的母亲、尊敬的丽莎·格雷夫斯(Lisa Graves)，您是我的第一位支持者、捍卫者和朋友。在我还是一个小女孩的时候，您就让我牢记，上帝给了我强大的直觉，祷告是为我指引方向的灯塔。我能找到我的声音、力量和决心——都是因为您做了一个好榜样。

感谢我的哥哥史蒂夫(Steve)，在我需要依靠的时候来到我身边。你是我认识的最睿智、最体贴、最真实的一个人。我们成为彼此的救命稻草，手牵着手，心连着心，在这世上走过岁岁年年。

感谢我的父亲赫布·克勒贝(Herb Klebe)，如今我俩非常亲近。我们的故事会给很多读这本书的父亲和女儿带来希望，感谢您让我把这些故事分享出来。我非常高兴我的孩子能有您这样一位外祖父。

我的弟弟亚历克斯（Alex），尽管年龄比我小，但在很多方面都比我成熟。我深深地为你和你的家人塔瓦（Tava）、威廉（William）、韦斯利（Wesley）和科拉（Cora）感到骄傲，也为你现在是一个很棒的男人和父亲而感到骄傲。你让一切都回归正轨了。

感谢我的继父布赖斯·格雷夫斯（Brice Graves），您给我的礼物是您的耐心、忠诚和包容。您激励我成为一名心理咨询师、作家和无论与谁同处一室都能自由思考的人。谢谢您真心爱我母亲。

感谢那些至善之人：沙纳·古斯塔夫森（Shana Gustafson），你鼓励我走过了这一切。丽贝卡·霍姆斯（Rebecca Holmes），你给予我莫大的支持，带来了数不尽的欢笑。你们是我的灵魂姐妹。

感谢迪利亚·塞娜（Dillia Sena）、基拉·诺尔斯（Kyra Knowles）、霍利·詹福通·费特（Holly Giamfortone Fett）、埃米莉·奥斯本（Emily Osborne），她们爱着我的孩子，将他们视如己出，我要给她们一个大大的拥抱。

尤其要感激那些帮我找到正确道路的老师、教授和导师：尤丽塔·戴克斯 (Eulita Dykes)、露丝·弗鲁特 (Ruth Fruit)、罗恩·布罗德韦 (Ron Broadway)、贝蒂·休·纽曼 (Betty Sue Newman) 博士、比尔·多弗斯派克 (Bill Doverspike) 博士、布赖恩·J.迪尤 (Brian J. Dew) 博士、肯·马西尼 (Ken Matheny) 博士、贝姬·比顿 (Becky Beaton) 博士、乔安娜·怀特 (Joanna White) 博士。

我还要发自内心地感谢我的心理咨询师和治疗师：J.米基·纳尔多 (J. Mickey Nardo) 博士、洛朗·伯曼 (Lauren Berman) 博士、凯瑟琳·霍尔 (Kathleen Hall) 博士、谢利·鲁贾诺 (Shelly Ruggiano)、金伯利·库克 (Kimberly Cook)、杰米·巴特勒 (Jamie Butler)、劳拉·布恩 (Laura Boone)、奥图姆·邦德-罗斯 (Autumn Bond-Ross)、丽莎·麦卡德尔 (Lisa McCardle)。

最后，还要感谢丹娜·D.巴布尔，你帮助了我，让我能发现身上连自己都不知道的一面。这一路上，我时时刻刻都惊讶于你的智慧、洞察力和思想深度。只有你能帮我达到身心的平衡。

图书在版编目（CIP）数据

"失去"父亲的女儿们 /（美）丹娜·D. 巴布尔，（美）卡琳·露易丝著；雷中华，余静，梅英硕译.
上海：上海文艺出版社，2025. -- ISBN 978-7-5321-9113-0

Ⅰ. B84-49

中国国家版本馆CIP数据核字第20243BU909号

© 2016 by Denna D. Babul and Dr. Karin Luise
All rights reserved.
This edition arranged with Wendy Sherman Associates, Inc. arranged with Andrew Nurnberg Associates International Limite
图字号 09-2024-0581

发 行 人：毕　胜
总 策 划：李　娟
责任编辑：肖海鸥　余静双
特约编辑：王思杰

书　　名："失去"父亲的女儿们
作　　者：[美] 丹娜·D. 巴布尔　[美] 卡琳·露易丝
译　　者：雷中华　余　静　梅英硕
出　　版：上海世纪出版集团　上海文艺出版社
地　　址：上海市闵行区号景路159弄A座2楼　201101
发　　行：上海文艺出版社发行中心
　　　　　上海市闵行区号景路159弄A座2楼206室　201101　www.ewen.co
印　　刷：苏州市越洋印刷有限公司
开　　本：787×1092　1/32
印　　张：12.625
插　　页：4
字　　数：184,000
印　　次：2025年2月第1版　2025年2月第1次印刷
I S B N：978-7-5321-9113-0/B.115
定　　价：72.00元
告 读 者：如发现本书有质量问题请与印刷厂质量科联系　T：0512-68180628

人啊，认识你自己！